东南大学建筑学院90周年院庆系列丛书
Book Series for the 90th Anniversary of
School of Architecture, Southeast University

东南大学建筑学院学科发展史料汇编

1927-2017

A Documentation: Development of the Disciplines at the School of Architecture of SEU

1927-2017

东南大学建筑学院
学科发展史料编写组　编

中国建筑工业出版社

图书在版编目（CIP）数据

东南大学建筑学院学科发展史料汇编 1927–2017/ 东南大学建筑学院学科发展史料编写组编．—北京：中国建筑工业出版社，2017.11
（东南大学建筑学院 90 周年院庆系列丛书）
ISBN 978–7–112–21424–2

Ⅰ．①东…　Ⅱ．①东…　Ⅲ．①东南大学 – 建筑学 – 学科发展 – 史料 – 汇编 –1927–2017　Ⅳ．① TU–40

中国版本图书馆 CIP 数据核字（2017）第 258935 号

本书分“概览”、“纪事”与“史料”三篇，图文并茂地呈现了东南大学建筑学科自 1927 年建系至 2017 年的 90 年发展历程，并收录了其间的部分档案文件。本书可作为研究中国近现代建筑教育源流及发展的参考资料。

责任编辑：陈　桦　杨　琪
责任校对：李美娜　焦　乐

东南大学建筑学院 90 周年院庆系列丛书
Book Series for the 90th Anniversary of School of Architecture, Southeast University
东南大学建筑学院学科发展史料汇编 1927–2017
A Documentation: Development of the Disciplines at the School of Architecture of SEU 1927-2017
东南大学建筑学院学科发展史料编写组　编
*
中国建筑工业出版社出版、发行（北京海淀三里河路 9 号）
各地新华书店、建筑书店经销
北京嘉泰利德公司制版
北京雅昌艺术印刷有限公司印刷
*
开本：880 × 1230 毫米　1/16　印张：22¼　字数：525 千字
2017 年 10 月第一版　2017 年 11 月第二次印刷
定价：189.00 元
ISBN 978–7–112–21424–2
（31095）

东南大学建筑学院的前身是中央大学、南京工学院和东南大学建筑系。2003年，在原建筑系的基础上组建“建筑学院”。其是中国大学建筑教育中最早的一例，自1927年建系以来已走过90年历程。90年筚路蓝缕、成长壮大、传承创新，为国家培养了包括院士、大师、总师、院长等在内的大批杰出人才，贡献了大量重要的学术成果和设计创作成果，成为中国一流的建筑类人才培养、科学研究和设计创作的基地，并在国际建筑类学科具有重要影响力。值此90周年院庆之际，编辑出版《东南大学建筑学院90周年院庆系列丛书》，一为温故90年奋斗历程，缅怀前辈建业之伟；二为重温师生情怀和同窗之谊，并向历届师生校友汇报学院发展状况；三为答谢社会各界长期以来对东南大学建筑学院的关爱和支持。

这套丛书包括《东南大学建筑学院学科发展史料汇编1927-2017》、《东南大学建筑学院教师访谈录》、《东南大学建筑学院教师设计作品选1997-2017》、《东南大学建筑学院教师遗产保护作品选1927-2017》、《绿色建筑设计教程》、《建筑·运算·应用：教学与研究I》等共计6册。其中《东南大学建筑学院学科发展史料汇编1927-2017》完整展现了东南大学建筑学院各学科自1927年建系至今的发展历程，整理收录期间的部分档案资料，本书亦可作为研究中国近现代建筑教育源流及发展的参考资料；《东南大学建筑学院教师访谈录》收录了部分老教师的访谈文稿，是学院发展各阶段的参与者和见证者对东南建筑学派90年发展历程生动且真切的记录和展现；《东南大学建筑学院教师设计作品选1997-2017》汇集了近20年来建筑学院在任教师的规划设计作品共计99项，集中反映了东南大学教师实践创作的成果、价值与贡献；《东南大学建筑学院教师遗产保护作品选1927-2017》依实践中涉及的建筑遗产保护五大类型，选有自20世纪20年代以来90余年完成的保护项目共65例；《绿色建筑设计教程》是近年来学院在建筑学前沿方向教改研究的成果之一，体现了在面对全球气候变化和能源环境危机时建筑学教育的思考与行动；《建筑·运算·应用：教学与研究I》着眼于计算机编程算法，在生成设计、数控建造和物理互动设计等方向，定义、协调或构建与城市设计、建筑设计、建造体系相关的各种技术探索，结合教学激发多样设计潜能。

期待这套丛书能成为与诸位方家分享经验的桥梁，也是激励在校师生不忘初心，继续努力前行的新起点。

编者识

热烈祝贺建筑学科成立九十週年。它开创发展、困惑、前进、在党的领导下，将会取得更大成就！

齐康

二〇一七·十月。

初衷不渝
再创辉煌

钟训正
二〇一七年十月

九十年深厚积淀，培养万千俊秀学子，
成就神州学界翹楚；
进一步放眼世界，专注学科开拓創新，
領建築全球風騷。

東南大学建築学院九十華誕

程泰宁敬賀
二〇一七年九月

序

桃李不言，下自成蹊

——关于“东南建筑学派”的几点认识

2017年，对于东南大学建筑学院是一个特殊的年份：学院办学迎来了90华诞。在一个半甲子的成长岁月中，东大建筑从筚路蓝缕的山林开启，经逶迤前行的持续坚守，再到今天春华秋实的硕果累累。东南学人究竟做了些什么？为民族、国家乃至世界的建筑学发展和社会民生究竟贡献了什么？在这段不太短的风雨征程中，留下了什么足以称之为精髓和精神的内涵和物质印痕？这几天，一部沉甸甸的东南大学建筑学院学科史料汇编放在我的案头。看后深感东南建筑90年发展演进历程中始终有一种相对稳定和内在的质性能量的涌动，作为个人的观察和认知，就是初步绘构了从“东南建筑学人”到“东南建筑学派”演进的历史轮廓。

何谓学派？可以认为是师承源流清晰并形成传统、具有较多共识性的学术价值认同的学术共同体。我曾经与日本友人交流，他说中国建筑教育规模和体量很大，但似乎同多异少，而在日本，东京大学、东京工业大学、京都大学等各校建筑办学思路、侧重点和目标却各不相同，反映出办学者和领衔教授的独特价值理念，以及社会对建筑人才的多样化需求。当然对此我并不完全认同。事实上，仅以国内“老八校”为例，各个建筑院系办学理念、方法和对职场需求的理解还都是各具特色的，也有学者和坊间达人对此有过形形色色的描绘。我个人一直认为，在中国成为世界第二大经济体和城乡发展战略转型的今天，中国建筑教育必将逐渐走向学派繁荣的学术丛林，作为全国高等学校建筑学学科专业指导委员会主任，我也将这样的认识和期待列入了专指委本届委员会希望努力去做的工作和目标，乐见其成。

2015年，建筑学院和《世界建筑》杂志曾经组织了“东南建筑学人”专辑。东南建筑学人的主要载体是作为群体的具有东南建筑学习、研究和工作背景的人。在专辑中，陈薇曾经凝练概括了东南建筑学人的四个层面：“一是做、二是融合、三是批判性、四是传承创新。”事实上，“做”即是实干、实践和做人。有校友曾说“东南的传统既是地方，也是物，也是人，东南顽固的性情是低调踏实”！“融合”就是理论与实践相长、人文与技术、基础与应用、设计与历史相向而行，在交叉互融中发展创新。“批判性”意味着东南建筑学人在坚守“知识诚笃”的信念下却从不保守。有校友说东南建筑的特点就是“传统、反传统和融入传统”;“东南建筑是个大染缸，求真、思辨、批判”。“传承创新”自不待说，从以杨廷宝、童寯、刘敦桢、刘福泰、卢树森、鲍鼎、徐中、谭垣、张镛森、张镈、张开济、刘光华、汪坦、戴念慈、吴良镛、齐康、钟训正、戴复东、程泰宁等为代表的老一辈建筑家、到后来张永和、孟建民、常青、王澍等中青年建筑才俊及众多仍在校的教师学者和建筑师的教学科研和工程实践创作，一直是在质疑和坚守的反复胶着和动态平衡的状态中持续展拓专业和创新。同时，我也认为这是国内外众多知名建筑院系办学共有的学术脊骨。

很长一段时间以来,比较主流的看法是东南建筑教育特点就是规制严整、体系清晰、“止于至善”，而其中很多人又认为，1990 年代前东大建筑教育以巴黎美院“鲍扎”建筑教学体系为主导，而我认为这只是一种整体的观照和粗略概括。看了案头这部学科史料汇编，不难发现在 1927 到 1940 年代中，来自日本（如毕业于东京高等工业学校的刘敦桢教授的中西建筑史和营造法）、德国（如毕业于柏林工业大学的贝季眉教授的设计初步和室内装饰课程）、法国（如毕业于里昂建筑专门学校的虞炳烈教授的都市计划课程、留学法国公共工程大学的卢毓骏的建筑设计兼职任教）的建筑教育思想都曾经对当时的建筑教学计划、教学方法和教案制订产生过重要影响。这一时期教学基本上是经典欧美体系和东方体系的糅合。“艺技并重”是其教学的重要特征。

我很喜欢学院网站在前一两年公众号上的一句话，大意是说地处六朝古都南京的东南大学建筑学院乃是“一个能够放得下安静书桌的地方”。这句话使我联想起东南大学的校训“止于至善”，其蕴含的意思就是“学业至上、宁静致远、寻觅未知、终极真理”，不会无原则地为外界变化所动。正如《世界建筑》主编张利教授在《东南建筑学人：一个毫不间断的启发性群体》一文中所察见，“在当今的自媒体时代，建筑策略主义者或建筑机会主义者似乎正在得到越来越多的关注。对此，东南建筑保持着难得的冷静，始终坚持着对建筑本体的全神贯注”。微信上看到一段描写童寯先生治学的文字很能说明这个问题，大致是说童寯先生每天早上 7 点离开文昌巷的家步行半个多小时到学校,然后坐在一楼资料室看书。久而久之,建筑系的师生都习惯了那个固定的座位、固定的身影。有的学生会向他提问,有时他当场回答,有时把问题记在纸条上过后回答。建筑系的师生背地里戏称他为“钟”，应和了童老自己的口头禅，“我是一座钟，不敲不响”。

作为“东南建筑学派”载体的东南学人，从来不缺建筑的文化和精神，始终关注建筑教学研究和工程实践那种超越工匠和技艺的“形而上”。他们不满足于简单的知识增长和增量创新,而是时刻对学术发展保持敏感、敏锐、敏捷的姿态,从前辈学者对“中国营造学社”、中国园林、传统民居的中国建筑历史研究的学术开拓、遍布华夏大地的杰出设计创作，到第二代学者的城市形态、地域建筑、建筑文化、建筑历史、医疗建筑、居住建筑研究等的开拓性贡献，再到第三代学者的城市设计、城市建筑、城市更新、遗产保护、数字建造、数字景观等学术领域的持续拓展，始终在洞察力、想象力、关联力和批判性思维集成的学科前沿探索方面有着杰出的把握。

“东南建筑学派”历经 90 年的孕育、成长和壮大离不开东南大学的办学环境。东南大学创建于 1902 年，是中国教育部直属的著名研究性高校，历史上素有“学府圣地”和“东南学府第一流”之美誉。从历史发展看，“东南建筑学派”的成长过程中，依托学校优越的教研学术土壤的培植和滋养，大致完成了从中央大学、南京工学院再到东南大学三次重要的杰出人才培养和一流师资的集聚。事实上，大学是世界历史长河中最为稳定的机构组织。有研究表明，文艺复兴以来作为机构完整留存至今的 80% 以上是大学。历史上以英国、意大利为代表的大学多以博雅教育（liberal arts education）为己任，弘扬文化、承续历史、教授知识是其核心要义。19 世纪初德国洪堡提出科研与教学统一之大学原则，突出了科研对于人才培养的重要作用，并促成了 19 世纪德国高等教育的繁荣。二战后美国大学水平急剧提升，美国一方面继承德国大学重研究的传统，另一方面也发展了早年英国牛津、剑桥大学教育中重教学的传统，努力适应社会发展需要，求新求变，学术与市场结合。1960 年，又有学者强调“科学共同体”的大学理念，强调协同合作、学术自由和宽容。在当今世界，大学精神和理念的探讨仍然是一个热门的话题。总体来看，当代建筑教育正在步入一个鼓励战胜常规、不持陈见、强调特色和不断开拓的新阶段，同时也出现了建筑教育多元化趋势。在此发展趋势中，东大建筑从未停息过自身的进化成长和迭代探索，在学校致力于建设“卓越化、国际化、研究型”大学的背景下，2012 年创刊中国第一本刊登建筑学原创学术论文的《建筑学研究前沿》全英文期刊，并在 2017 年获得谷歌学术建筑类期刊国际排名第 4 的成绩；在 2016 年获准国家“111”引智计划建设基础上，2017 年又获准国家外专局和教育部“高校国际化示范学院推进计划”的试点建设，东南大学建筑学院初步完成了交叉融合和国际化办学的重要历史跨越。

建筑学、城乡规划和风景园林等都是与时代发展、社会变革和技术进步息息相关的专业。我认为，与社会和市场保持稳定关联而又笃守学术初心是东南建筑学人的一个重要的群体特征。任凭世事变迁，云卷云舒，潮起潮落，东南建筑学人始终能够不忘那种求学期间耳濡目染熏陶所得的“安心静思”、“学术至上”和重研究性工程实践的基本理念，这有点像当年的“营造学社”前辈们为挖掘和传承中国优秀建筑文化所做的开拓和坚守。我想，这正是“东南建筑学派”基于师承的核心脉络和内在能量。

目录

上篇 概览

3 东南大学建筑学院发展纪略

14 建筑学院

14 建筑系学科发展简介
20 城市规划系学科发展简介
26 景观学系学科发展简介
31 建筑历史与理论研究所学科发展简介
37 建筑技术与科学研究所学科发展简介
44 美术与设计研究所学科发展简介
49 建筑运算与应用研究所学科发展简介

52 相关机构

52 东南大学建筑研究所简介
61 东南大学建筑设计研究院有限公司简介
68 东南大学城市规划设计研究院有限公司简介
71 东南大学建筑设计和理论研究中心简介

76 学科平台

76 城市与建筑遗产保护教育部重点实验室简介
77 传统木构建筑营造技艺研究国家文物局重点科研基地简介
78 当代城乡环境整合技术创新引智基地简介

中篇 纪事

83 1927~1948
98 1949~1982
128 1983~2010
177 2011~2017

下篇 史料

207 名录类

207 历任党务领导名单
208 历任行政领导名单
209 历年教师名单
214 历年职工名单
215 其他机构人员名单
217 历年荣誉 / 客座教授名单
219 历届毕业生名单
258 中央大学时期部分毕业生在中国台湾地区任职一览

260 文档类

260 本科教学计划
288 本科生实践基地一览
291 研究生教学计划
296 东南大学研究生联合培养（企业实践）基地统计表

297 成果类

297 历年教学成果奖一览
298 历年获奖教材一览
299 本科国家级规划教材一览
300 建筑历史与理论主要著作一览
307 国家自然科学基金与国家社会科学基金项目一览
312 国家科技计划项目一览
312 主要省部级以上科研获奖一览
313 主要图书获奖一览
314 东南大学建筑学院获省部级以上优秀规划设计奖作品全录 (1997~2017)

后记

上篇 概览

东南大学建筑学院发展纪略

韩冬青

东南大学建筑学院是中国大学建筑教育中最早的一例，迄今已走过90年历程。

1927~1937 创业

1902年，清廷公布中国近代第一个正式学制即“壬寅学制”，首次将“土木工学”、“建筑学”列入，建筑科至1920年代始有开先河者。

1927年，以始于1902年三江师范学堂的原国立东南大学为基础，联合江苏数所大学成立“国立第四中山大学”。时任国民党政府大学院院长的蔡元培与第四中山大学工学院院长周仁鉴于时代所需求而力主设置“建筑工程科”。同年10月，创立于1912年的苏州工业专门学校合入“国立第四中山大学”。随后，原任教于苏州工专的刘敦桢率队至南京，10余名学生正式转入第四中山大学建筑科。同年，2名新生入学。刘福泰任首届科主任。1928年，学校更名为“国立中央大学”，建筑科颁布“中央大学建筑科学程一览”。1930年，中央大学建筑科6名学生首届毕业。1932年，建筑工程科改名为“建筑工程系”。

1927~1937年，建筑科系已有20余名曾分别留学于美国、英国、日本、德国、法国的教师和他们培养的毕业生先后任教。从美国引入的“鲍扎”体系（The Beaux-Arts）和来自日本及德国的工程技术关切经由不同教育背景的师资构成，使得“技艺并重”在建筑专业人才培养的开端便成为其教学的重要特征。教学计划的设置已覆盖建筑设计、建筑历史、营造法、图艺、都市计划等课程。刘敦桢组队开展中国古典建筑和园林调查和研究，并发表学术研究成果。“中山陵光化亭”等一批建筑工程项目设计完成。十年创业，中央大学建筑科已在师资、教学范式、学术研究、设计实践及办学条件等方面形成难能可贵的基础成果。此间先后毕业的张镛森、张镈、唐璞、张开济、徐中等毕业生近50人，成为其时及此后的中国建筑学术、工程设计及人才培养的关键力量。

1937~1946 西迁

1937年，日本侵华战争全面爆发，10月，建筑系随中央大学西迁至重庆，二年级以上在沙坪坝松林坡，一年级教学则是在柏溪分校。烽火连天、艰难维系的中央大学建筑系不但弦歌未辍，而是秩序井然、盛极一时。继卢树森和刘福泰之后，鲍鼎先生于 1940 年的危难之际出任系主任。杨廷宝、童寯、李惠伯和陆谦受（有“四大名旦”之美誉）等著名建筑师受聘来系任教。他们分别接受了宾夕法尼亚大学、密歇根州立大学、伦敦建筑学会建院等美欧著名建筑院系的正统教育，杨廷宝教授和童寯教授留学期间已是誉满全美的才俊翘首，回国后又有驾驭国家重大项目的丰富设计经验。他们加盟中大，坚实了经典的美院式设计教学传统，同时也参与完善了工程类技术教学框架。1941 年，李汝骅（字剑晨）来建筑系执教美术。1944 年，刘敦桢继任建筑系主任。至抗战结束，中央大学建筑科的师资阵容及教学体系建设已是今非昔比。此间大师云集、各施其长，亲手教化、培育出一批艺技双全的杰出英才，如吴良镛、刘光华、郑孝燮、汪坦、陈其宽等日后都是享誉四海的学界翘楚。沙坪坝时期的中央大学建筑系不仅接续了南京十余年的办学创业历程，更以其杰出的师资为此后发展奠定雄厚的治学治教基础。艰难奋进之精神、严谨求实之学风逐渐酿造出一种无形的学院文化，并被后世所不断积淀和发扬。

1946~1949 复员

抗战胜利，中央大学建筑系于 1946 年 4 月，随校复员南京，11 月复课。此时在系任教的教师有刘敦桢（兼系主任）、杨廷宝、童寯、李汝骅、谭垣、徐中等 10 余人。1947 年，刘光华和张镛森回校任教。虽时局动荡，学期难以稳定，但建筑系的教学依然严谨有序。这一时期，杨廷宝和童寯分别在其任职的设计事务所主持完成了下关火车站、中央研究院“社科所”、美军顾问团宿舍等多项重要的建筑工程设计，在现实条件下展开了多种不同建筑风格和设计方法的探索，尤其对现代建筑和对中国传统建筑风格的运用为后世留下许多堪称经典的设计作品。

1949~1957 新生

1949 年 10 月，中华人民共和国成立。原国立中央大学更名“国立南京大学”，杨廷宝出任建筑系主任。1952 年 9 月，全国高等学校院系调整，建筑系随入南京工学院。

1954 年夏，“全国建筑学专业教学计划会议”后，实行 5 年制本科教学。同年，开研究生教育之先河。这一时期的教学一方面部分接受苏联教学模式的影响，另一方面开始了建筑教育本土化的探索。1952 年开始设置教研组，至 1956 年已发展为“民用建筑与城市规划”、“工业建筑”、“建筑历史”、“建筑技术”和“美术”5 个教研组。1956 年正式实行毕业设计制，并分设建筑设计和城市规划等类型方向。1951 年起，设计课程开始加入中国传统元素。1953 年的《中国建筑史参考图》和 1954 年的《市镇计划》开教材建设之先河。1956 年，在全国第二次“建筑系统一教学计划会议”上，提出建筑教育的“喇叭口”模式，这是南工建筑系积数十年教学经验之总结而形成的教学理论。这一时期就读的学生由解放初期的寥寥数人发展到每届 40 余人，此间毕业生 150 余人，成为 20 世纪后半叶中国建筑教育、研究和设计创作的中坚力量，其中包括日后领军学界和行业的众多大师（如齐康、钟训正、戴复东、潘谷西、郭湖生、刘先觉、蔡镇钰等）。

1953 年与华东建筑设计公司合作成立“中国建筑研究室”，刘敦桢任主任，同年开始民居及苏州古典园林调研，这是南工建筑系首次设立专门的科研建制。1955 年与“建工部建筑科学研究院”合办“公共建筑研究室”，由杨廷宝任主任。1957 年，《中国住宅概说》（刘敦桢著）正式出版。对中国传统民居和古典园林的关注和研究对此后中国建筑历史理论学科和建筑创作产生了重大影响。这一时期，杨廷宝率队设计完成和平宾馆、华东航空学院教学楼、南京工学院大礼堂扩建等建筑工程。

这一时期，杨廷宝于 1953 年当选中国建筑学会首届副理事长，此后连任 4 届。1955 年，杨廷宝和刘敦桢当选中国科学院学部委员。1957 年，杨廷宝当选国际建筑师协会副主席。

1957~1977 坚守

从 1957 年全国的反右运动起，直至 1966~1976 年的“文化大革命”，中国连续经历一系列动荡和动乱，南京工学院建筑系走过一段曲折中的坚守之路，并在困境中有所建树。

1957~1966 年的十年间，教学与科研历经冲击，仍坚持探索适应中国国情的建筑教育和学术发展道路，其间多次承办全国性建筑教育及教材建设研讨会和学术会议。1958 年，杨廷宝提出“建筑办学十条”。是年，全国高教系统开展“教育大革命”，强调教学与生产实践相结合。南工建筑系成立“基础课部”负责一年级设计教学，二至四年级则由老师带领参加设计生产实践。此后，教学与实践的有机结合始终作为人才培养的原则与路径，并以不同的方式得到发展。1958 年开始设置“城市规划教研组”，使此后的“城市规划”从师资、教学、研究和实践多方面得到发展。同年即招收“城乡规划与建筑”专修班，并完成苏州等城市的规划设计。1961 年牵头组织《城乡规划》教材编制（与清华大学和同济大学合作编写）。1963 年，民用建筑教研组总结 30 余年教学经验，提出建筑设计教学“正、实、活、透、硬”五字教学纲领。10 年期间，编写出版了《建筑概论与设计初步》、《建筑构造》、《居住建筑原理》、《素描》、《水彩》、《综合医院建筑设计》等教材，还编印了《外国建筑构造图集》、《特种装修》、《大型公共建筑屋顶构造图集》等教学参考图集。

1958 年，原“中国建筑研究室”改为“建筑理论与历史研究室南京分室”，仍由刘敦桢任主任。是年，全国建筑历史学术讨论会决定开始“建筑三史”的编纂。刘敦桢作为负责人之一，任《中国古代建筑史稿》的主编（潘谷西、郭湖生等参与编写），于 1964 年完成八稿。这一时期，张镛森增编的《营造法原》（姚承祖原著）和童寯在 1937 年完稿的《江南园林志》正式出版。刘敦桢所著的《苏州园林》（后改为《苏州古典园林》）初稿完成。刘敦桢主持完成“南京瞻园”的整修设计。在建筑创作领域，杨廷宝率师生参与“北京火车站”和“人民大会堂”等重大工程设计。钟训正主创的南京长江大桥桥头堡“红旗”方案在全国方案征集竞赛获奖后，确定为实施方案并于 1968 年建成。无锡“建筑工作者之家”在全国设计竞赛中获头奖，其对江南建筑文化的关注对此后的地域建筑研究和设计探索具有极其重要的启示意义。

1965 年，为培育专业教育实践基地，经国家教育部批准，正式成立“南京工学院建筑设计院”，建筑系派沈国尧等赴设计院参与其组建。“设计院”此后 50 年始终是建筑学科发展不可或缺的支撑力量。

1966~1976 年，全国的高等教育都陷入“文革”的十年动乱之中，南京工学院建筑系同样遭遇严重干扰。1968 年 4 月 30 日，刘敦桢先生病逝。在正常的教学停顿期间，许多教师的专业工作转入“地下”。1972 年开始招收工农兵学员，连续 5 届。自 1970 年代初起，师生在困境中坚守教学和学术研究。这十年间，编写出《居住建筑设计》、《城市规划原理》、《公共建筑设计原理》等 20 余部教材教参资料。1975 年，与设计单位合作的南京五台山体育馆完成建设，是这段时间最重要的设计创作成果。

1977~1983 恢复

“文化大革命”结束后的 1977 年，全国恢复高等院校统一招生考试。建筑系恢复在全国招生，学制 4 年，77 级新生于次年 3 月正式入学。1978 年，招收首届硕士学位研究生，在建筑学下设建筑设计、建筑历史、建筑技术 3 个方向，学制 3 年。同年，张致中自扬州调回南京工学院，任建筑系主任，着力推进教学秩序的重建。得益于师资队伍的延续和此前近二十年的坚守，南工建筑系得以快速恢复并完善专业教学。在 1980 年代初《建筑师》杂志连续举办的全国大学生建筑设计竞赛中位居前列。恢复高考后的“新三届”（77、78、79 级）毕业生中产生了众多新一代学术领军人物。1981 年，“建筑设计及其理论”、“建筑历史与理论”获批全国第一批博士点，杨廷宝、童寯分别获评两专业的第一批博士生导师。杨廷宝当选国务院学位委员会第一届学科评议组成员。同年，开始招收“城市规划与设计”方向的硕士研究生。这一时期，《中国建筑史》和《建筑构造》等一批具有南工特色的经典教材相继出版。《江南园林图录：庭院》以新的图示方法揭示庭院空间，展现了研究方法的突破。筹建多年的“建筑物理实验室”正式建成。

这一时期的建筑创作在国内外一系列设计竞赛中获得佳绩。由杨廷宝率队与福建省建筑设计院合作完成“武夷宫景区规划”。1980~1982 年间，南工建筑系与日本、加拿大、美国、瑞士等国的 10 余所建筑院校的国际交流与合作取得重要突破，20 余名教师赴境外访学、进修和交流，国外院校 120 余名学生到南工建筑系进行短期访学。

1979 年，南京工学院成立“建筑研究所”，杨廷宝任所长，童寯、齐康任副所长。郭湖生、刘叙杰、杨德安、赖聚奎等一批老师到建筑研究所参加工作。至此，建筑系、设计院、研究所已形成南京工学院建筑学科的三角架构，三者在专业教学、工程实践、学科研究方面既分且合，形成产学研互动格局。1982 年，杨廷宝先生逝世。1983 年，童寯先生逝世。“建筑研究所”由齐康继任所长。自其成立起，建筑研究所在建筑设计与理论和建筑历史理论等领域不仅取得国内领先的学术成就，也为中国建筑界培养了新一代学术领军人物。

1983~2003 改革

1983 年，国务院学位委员会颁布《高等学校和科研机构授予博士和硕士学位的学科、专业目录》后，建筑学一级学科按“建筑设计”、“建筑历史与现代建筑理论”、“建筑技术科学”和“城市规划与设计（含园林规划与设计）”4 个二级学科进行招生。1984 年，齐康获评全国第二批博士生导师。1982 年，童寯首次招收建筑学博士研究生项秉仁，1983 年童寯去世后，改由齐康接替指导。1986 年，郭湖生和潘谷西获评全国第三批博士生导师。同年，“城市规划与设计”和“美术学”获批全国第三批硕士点。1986 年，“城市规划”和“风景园林”专业开始招收 4 年制本科生，至 1989 年应国家教委关于宽口径人才培养的要求，暂停单独招生。1988 年，学校更名为东南大学。1990 年，“城市规划与设计”获批全国第四批博士点。同年，刘先觉、鲍家声、吴明伟获评全国第四批博士生导师。1990 年，国务院学位委员会颁布新的学科专业目录，“风景园林规划与设计”作为独立的二级学科获评全国第四批硕士点，并于 1994 年开始独立招收研究生。至此，已取得建筑学一级学科全部 5 个硕士点。建筑学专业本科教育从 1990 级起实行 5 年制，1991 年，在国家教委和建设部组织的首次教学评估中以优秀成绩通过评估。1993 年，柳孝图、杜顺宝获评全国第五批博士生导师。1994 年获批设立建筑学博士后流动站。1995 年，“建筑设计与理论”通过专业硕士研究生首次教育评估。1998 年，“建筑学”获国家一级学科博士点。同年，城市规划硕士学位研究生专业教育通过评估，城市规划本科专业恢复单独招生。2002 年，“建筑设计及其理论”和“建筑历史与理论”获评“国家重点学科”建设立项，并于 2007 年通过国家教育部评估收。

这一时期的教学经历了重大改革。1980 年代中期，鉴于国际建筑学科发展的趋势和改革开放后中国建筑人才需求的变化，一批思想敏锐的教师提出教学改革的必要性，并从不同角度展开设计初步教学的探索性实验。在鲍家声、王国梁、仲德崑、王建国相继出任系主任的近 20 年间，教学改革在实验、研讨、优化中始终得到持续推进。1985 年起，教学改革从设计、历史、技术三条线路进行。1985 年与苏黎世瑞士联邦理工学院（ETH）建筑系签订《南京交流》协议，经多次续签，延续 20 余年。该合作计划为 1980 年代中期留校任教的青年教师考察欧洲现代建筑，零距离接触并参与 ETH 设计基础教学提供了难得的机遇。这批青年教师相继回国后，对建筑设计教学改革发挥关键作用。这场以建筑本体问题为导向，理性设计过程为策略的改革在一年级率先试水，二年级设计教学的改革紧随其后。1997 年起，设计基础教学改革的经验开始向三年级延伸。此后，基础设计教学继续强化了建筑认知的重要性，高年级则侧重研究性与综合性，以完成专业知识和设计技能的整合运用。这一时期，中国建筑史教学的改革在“文化、史论、设计”的逻辑关联中进行架构，历史课程中的“意向设计”展现出新的生机。2001 年后，明确提出以设计为核心，人文与技术为两翼的“一体两翼”架构。连续十余年的教学改革历经磨砺而取得丰硕成果，于 1993 年和 1997 年获国家优秀教学成果奖，并产生广泛而持久的示范性影响。

这一时期，建筑设计、建筑历史、景观园林等理论研究不断取得新的重要进展。发表《近百年西方建筑史》、《刘敦桢文集》、《中国古代建筑史：元、明建筑》、《现代建筑理论》、《江南理景艺术》、《现代城市设计理论与方法》等数十部经典著作。开拓了中国近代建筑、东亚建筑、传统村落、开放建筑、计算机辅助设计、城市中心区规划、城市设计、城市空间发展、旧城保护与更新等新的研究领域，并取得可喜成果。1986~2002 年间，获国家自然科学基金资助项目 30 项。国家“211”工程一期子项目“建筑学与工程”和“211”二期“城镇建筑学若干关键科学问题研究”于 2001 年以优异成绩通过验收，达到国内领先水平。此间获全国科学大会奖、全国科技图书奖、国家教委科技进步奖、建设部优秀科技图书奖等重要科技成果奖 10 余项。

这个时期的设计创作也取得丰硕成果，诞生了“侵华日军南京大屠杀遇难同胞纪念馆”、“福建武夷山庄”、“梅园新村周恩来纪念馆”，“南京夫子庙东西市”、“无锡太湖饭店扩建工程”、“无锡市支撑体住宅工程”、“自贡彩灯博物馆”等一大批具有重要影响力的经典作品。2000 年，齐康获中国首届“梁思成建筑奖”。1980 年代中期至 1990 年代，城市中心区和旧城保护与更新的规划设计实践形成创新性成果。“江苏常熟市城市形态研究及其城市设计”探索开拓了我国城市设计理论与实践方法有机结合的路径。1993 年成立东南大学城市规划设计研究院，促进了城市规划学科的产学研融合发展。产生了“桂林城市中心环城水系规划设计”和“苏州古城控制性详细规划”等众多优秀实践成果。

这一时期，学科带头人实现新老交替，师资队伍建设从建制规模、学科分布到青年教师的成长均取得重大突破。1993 年，齐康当选中国科学院院士。1997 年，钟训正当选中国工程院院士。2000 年和 2001 年，张十庆和王建国相继受聘教育部“长江学者奖励计划”特聘教授，王建国获“国家杰出青年科学基金”资助。

1983 年，黄伟康随学校代表团访问苏黎世瑞士联邦理工学院（ETH-Z）建筑系，由此开启了自建系以来持续时间最长并极富成效的国际合作与交流。1997 年，东南大学授予长期致力于两校合作交流的苏黎世瑞士联邦理工学院（ETH-Z）建筑系 Herbert Kramel 教授“东南大学名誉教授”称号。此 20 年间，还与英国、美国、德国、法国、意大利、澳大利亚、加拿大、日本等国的 20 余所建筑院校和设计机构开展多领域交流合作。与联合国教科文组织合作开展遗产保护和数字技术领域的合作。50 余人次赴海外授课、访学、合作设计和举办作品展览。

这一时期也是学科建设与办学经验有效输出的时期。1989 年，作为挂靠单位参与“全国高等学校建筑学学科专业指导委员会”的组建，齐康为首任主任委员，1998 年后的历次换届中，鲍家声、仲德崑、王建国先后出任主任委员。1980 年中后期，先后派出多名教师支援南京建筑工程学院（1985 年，现南京工业大学）、厦门大学（1987 年）、大连理工大学、汕头大学等学校创办建筑学科与专业。1987 年起，与国家文物局合作举办“古建筑保护干部专修班”4 届，为国家的建筑遗产保护事业培养了一支重要的骨干力量。

2003~2011 融合

2003 年，东南大学在原建筑系的基础上新组建“建筑学院”，王建国任院长。学院的组建为推进学科的拓展和交叉互动提供了更大的发展空间。2004 年，新增“景观建筑学”、“遗产保护和管理”二个博士点。至此，东南大学建筑学科达到 6 个博士点和 7 个硕士点。2007 年起恢复景观学专业本科招生。

学院组建以后，在此前教学改革成果的基础上，继续贯彻“整合与开放”的教学理念，并进一步发展为“开放·交叉·融合”的“3+2”新体系。“中国建筑史”和“建筑设计”分别于 2005 年和 2009 年获批“国家精品课程”建设项目。2007 年始，在建筑学专业下设“建筑遗产保护”专业。2009 年与东南大学海外学院合作创办“海外班”本科建筑学学位教育，每年招收海外留学生约 20 人。2007 年起，建筑学专业每年均与国内高水平建筑院校开展联合毕业设计，并持续成为一种重要的年度合作教学系列。建筑学专业和城乡规划专业均相继与国内高水平设计研究院合作创建教学实践基地。这一时期的教学改革坚持以设计为核心，重点探索相关专业之间、教学资源之间、课程建设之间的系统融合，于 2009 年获国家级教学成果二等奖。

这一时期的科学研究在城市设计、城市建筑遗产保护、绿色建筑、城市物理环境、现代景观设计理论等方面取得突破性进展。2005 年，“985 工程”一期建设项目和公共平台建设项目以优秀成绩通过验收。2009 年获批成立教育部“城市和建筑遗产保护重点实验室”，为组织该领域的开放式研究提供了重要平台。同年，中国工程院院士程泰宁回母校应聘全职教授，创立“建筑设计和理论研究中心”，该中心成立后，在建筑文化的传承与创新等方面迅速取得重大进展。2003 至 2010 年间，学院获国家自然科学基金资助项目 30 项，获国家自然科学基金重点项目 1 项，国家“十一五”科技支撑计划资助项目 1 项。2008~2010 年，发表 SCI/SSCI/A&HCI 检索论文 11 篇。获教育部自然科学一等奖 1 项。

这一时期在设计创作上产生了“河南博物院”、“南京狮子山阅江楼”等 4 项国家优质工程奖，获省部级优秀设计奖 130 余项。2008 年汶川大地震发生后，以绵竹广济镇等为重点迅速展开灾后重建的规划与建筑设计，其整体设计的理念和技术方法取得创新性成果。在“中国 2010 上海世博会规划设计”国际竞赛中取得第 4 名，该项成果获国际学术期刊《建筑评论》城市景观设计 2 项大奖。

该时期的国际合作交流在规模和密度不断扩大的同时，更加注重合作交流的内涵与质量。2005 年起，与苏黎世瑞士联邦理工学院（ETH–Z）、澳大利亚新南威尔士大学（UNSW）和荷兰代尔夫特大学建筑系（TU Delft）、维也纳理工学院（TU Vienna）等国际一流院校展开设计课程合作教学。学院组织了十余场国际学术会议和小型专题化学术研讨会，教师出境讲学、进修、参与国际性设计展览，更加广泛地参与国际学术会议并发表报告。

这一时期也是师资队伍新老交替比较集中的时段，青年教师不仅担当起教学的主力，并成为承担国家和地方科研项目的中坚力量。张彤等 3 人相继获中国建筑学会青年建筑师奖。

2011~2017 拓展

2011 年，国务院学位委员会颁布 2011 版《学位授予和人才培养学科目录》。建筑学院的学科格局进入一个新的发展时期。原“建筑学”一级学科调整拓展为“建筑学”、

“城乡规划”和“风景园林”3个一级学科，并全部获批一级学科博士点。同年3月，建筑学院召开学科发展战略研讨会，确立了十二五期间总体目标、发展重点和发展策略。2012年，增设城乡规划、风景园林2个博士后科研流动站。至此，学院博士后流动站已完整覆盖3个一级学科。2012年，在全国第三轮学科评估中，建筑学排名第二，城乡规划排名第三，风景园林排名第二。

这一时期的专业建设和教学改革主要在于如下几方面：其一，按照“教育部关于实施卓越工程师教育培养计划的若干意见”，与一批国内知名企业展开联合共建，并获批2012年国家级专业综合改革试点项目。其二，不断优化本科教学体系。围绕“思维、实践、创新”三位一体的能力结构，以“宽基础、强主干、拓前沿”为指向，形成横向融贯、纵向进阶的矩阵式课程体系，着力打造三大学科共建共享的专业基础课程群；强化设计核心课与主干课的融贯教学。并在压缩和优化学时结构、改革教学组织机制、整合国际化教学平台和校企协同育人平台等方面着力推进。其三，在研究生学位教育方面，完整形成3个博士学位授予点、7个硕士学位授予点的培养体系与架构，完成了学位类型与培养类型的对应。强调课程制与导师制并行的培养路径;建筑学、城乡规划、风景园林三个一级学科和美术学分别建立起主干突出、构架清晰、级配分明、学科协同的研究生课程体系。建筑学、城乡规划、风景园林三大本科专业全部成为“江苏省重点专业”。2013年,王建国指导朱渊完成的《现世的乌托邦—— 基于“中介”视角的“十次小组”》获评“全国百篇优秀博士学位论文”。2015年，建筑学专业获批“江苏省品牌专业建设工程”。《外国建筑简史》、《建筑物理》（第三版）获评国家级精品教材,《城市设计》、《中国建筑史》入选“十二五”普通高等学校国家级规划教材。

2012年，创办国内建筑类学科第一本全英文学术期刊 *Frontiers of Architectural Research*（合作机构：高等教育出版社）。2017年，该期刊获谷歌全球建筑学学术期刊排名第4的佳绩。

这一时期的科学研究围绕国家重大需求展开了富有成效的工作，在大尺度城市设计、城市大数据集成、城市和建筑遗产保护、建筑运算及运用、绿色建筑、数字景观等领域获重要开拓及进展。2011年起，程泰宁主持中国工程院咨询研究项目“当代中国建筑设计现状与发展研究”，东南大学、清华大学、同济大学、南京大学共同参与，于“2013中国当代建筑设计发展战略国际高端论坛”发表研究成果，受到中央政府高度重视和学界热烈反响。2012年，王建国等主持的“遗产类建筑综合性能提升关键技术研究及应用”获教育部科技进步奖一等奖。这6年期间，获教育部高等学校科学研究优秀成果二等奖2项。获“十二五”科技支撑计划项目1项、课题2项，国家重点研发计划资助课题2项，国家自然科学基金重点项目1项和面上项目60余项，国家社会科学基金重点项目1项和面上项目2项。六年间，发表SCI/SSCI/A&HCI三大检索论文50篇。在重大平台建设方面,“传统木构建筑营造技艺研究国家文物局重点科研基地”于2014年获批建设。同年,“中国城市规划学会城市更新学术委员会”成立，并挂靠东南大学建筑学院。这一时期，在“中国国学中心”、“北京通州副中心城市设计”、“金陵大报恩寺遗址公园”等国家和地方重大项目设计竞赛中再次取得突破。六年间，获省部级优秀设计奖180余项。

2015年，王建国当选中国工程院院士。2016年，段进获评“中国勘察设计大师”。12位学院教师分别于2011年和2016年获“江苏省设计大师”荣誉称号。

这6年的国际合作与交流，以年均十余次的密度，实现了常态化国际联合教学。创建16门由国际知名学者主讲的学科前沿课程。至2016年，学院已创建“亚洲城市建筑研究中心”等国际合作科研基地共计4个。2016年，成功申报国家外专局111引智基地“当代城乡环境整合技术创新引智基地”。

90年前，一批思想敏锐才华横溢的先辈们筚路蓝缕，开中国建筑教育之先河。如今的东南大学建筑学院已经拥有完整覆盖建筑学、城乡规划学和风景园林学三个一级学科博士点和美术学硕士点的学科架构，形成由四位院士领衔的130余人组成的一流师资队伍和1400余人的在校学生（含100余人学位留学生），拥有三个省部级科研平台。90年薪火相传，师生代代在党的领导下，始终以服务于国家建设和人民福祉为己任，崇尚知识诚笃、崇尚理性思辨、崇尚学术创新、崇尚实践引领，形成了东南学派“做无空谈、融合不疆、批判前行、传承创新”的立场追求和“严谨、博雅、求实、创新”的学院文化。正是这种一以贯之的立场和文化，使东南建筑能够坚持并不断发展“正、实、活、透、硬”的教学思想，形成“技艺并重、格物求善”的学术特色，能够在科学研究和行业发展的关键时刻提出自己的创见与主张，能够在风云激荡英雄辈出的时代保持其先进性和引领性。90年“弹指一挥间”，东南大学建筑学院正与大家共同步入一个全球一体、中华复兴、千帆相竞的时代。

【附图：东南大学建筑学院·学科建制演进示意】

东南建筑建制的变易与推衍，可用“二线、三点”予以概括性描述：

“教学”与“科研”是始终相随而进、交错发展的两条线——“系”、“教研组”和“实验室”在各科专业课程的教学工作之余，也开展为数可观的学术研究；“研究室（所、中心）”和“设计室（院）”在完成纵、横向科研工作的同时，也承担了部分重要的教学任务。

学科建制发展的重要转折集中表现在与国家建设和高教事业发展紧密相关的三个时间段点——1952年院系调整和高校学苏联引发了各教研组的建立；1983年国家首次颁布《高等学校和科研机构授予博士和硕士学位的学科、专业目录（试行草案）》促成了教研组设置在各二级学科的全覆盖；2011年国家最新颁布三大一级学科独立的《学位授予和人才培养学科目录》成型了现今3系4所、学科平台和相关机构并举的全新构架。

东南大学建筑学院·
学科建制演进示意

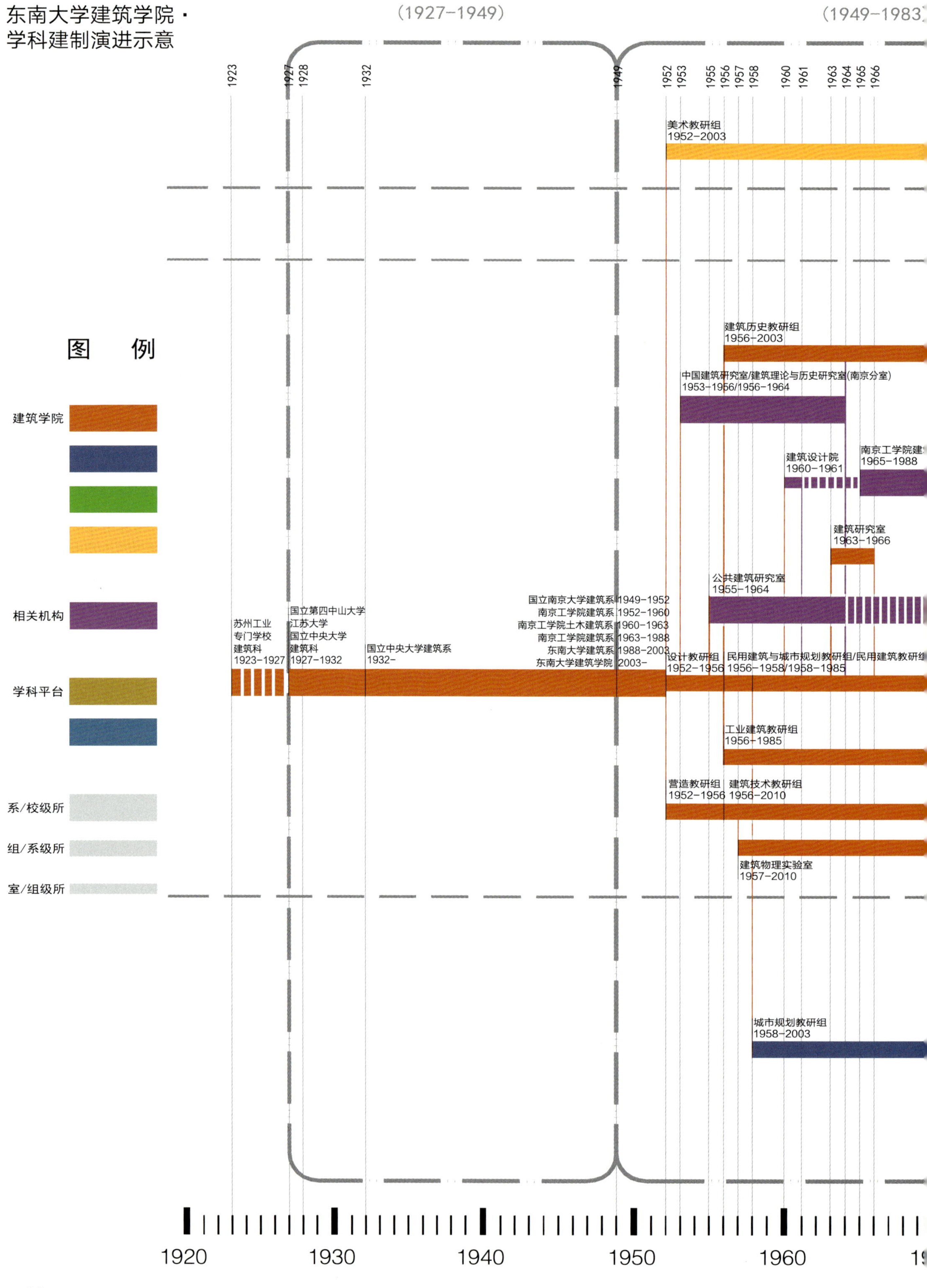

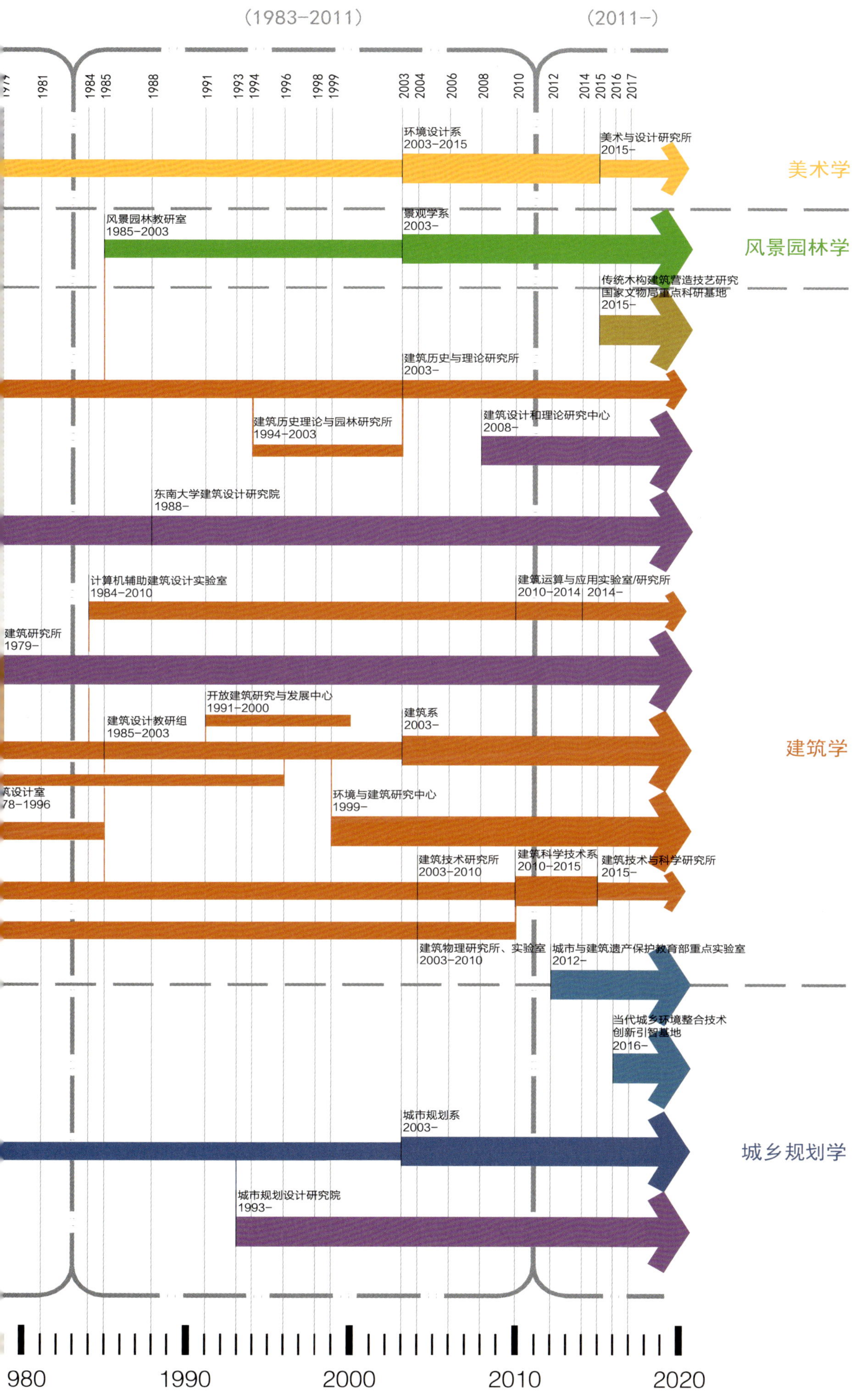

（1983–2011）
（2011–）
环境设计系
2003–2015
美术与设计研究所
2015–
美术学
风景园林教研室
1985–2003
景观学系
2003–
风景园林学
传统木构建筑营造技艺研究
国家文物局重点科研基地
2015–
建筑历史与理论研究所
2003–
建筑历史理论与园林研究所
1994–2003
建筑设计和理论研究中心
2008–
东南大学建筑设计研究院
1988–
计算机辅助建筑设计实验室
1984–2010
建筑运算与应用实验室/研究所
2010–2014 2014–
建筑研究所
1979–
开放建筑研究与发展中心
1991–2000
建筑设计教研组
1985–2003
建筑系
2003–
建筑学
环境与建筑研究中心
1999–
建筑技术研究所
2003–2010
建筑科学技术系
2010–2015
建筑技术与科学研究所
2015–
建筑物理研究所、实验室
2003–2010
城市与建筑遗产保护教育部重点实验室
2012–
当代城乡环境整合技术
创新引智基地
2016–
城市规划系
2003–
城乡规划学
城市规划设计研究院
1993–
1990
2000
2010
2020

建筑学院

建筑系学科发展简介

作为全院各学科共享的学科基床——建筑学学科的主要载体，建筑系 / 建筑设计教研组与学院风雨同行、休戚与共 90 载。走过了从多专业共荣、本科教学为共同目标的系级教师群体，到聚焦建筑学领域、教学科研并驾齐驱并由教研组升格为系的学术团体之完整历程。作为学院三个一级学科之一，现今的建筑系下设建筑设计基础、二年级、三年级诸教学组，承担了全院共享的本科一年级建筑设计基础及建筑学本科专业的建筑设计类课程、建筑设计及其理论方向硕士 / 博士的专业课程教学及相关的科研工作。现有在编教师 44 名。其中教授 10 名、副教授 22 名、讲师 12 名、中国工程院院士 2 名，博士学位拥有者占 86.4%。

壹 *1927~1948*

随着中国高等教育走向的自东（日系）转西（美系），“建筑学”教育走向正式实施——1923 年，东南大学建筑教育的起源“苏州工业专门学校”建筑科应运而生，成为中国第一个完整意义上的专科建筑学科系；1927 年国民教育行政委员会试行“大学区制”，则实质性促成了中国高等建筑学专业从无到有的开创历程——“国立第四中山大学”设立的建筑科，成就了中国高等教育史上第一个大学建筑学科系。东南的建筑教育自此进入多源融汇的奠基阶段。

建制 / 师资——名师荟萃　架构初具

建科之始，全科共有教师 4 人：留美俄勒冈大学的硕士刘福泰任科主任，留英格拉斯哥大学的李祖鸿、留日东京高等工业学校的刘敦桢和助教濮齐才；其后，留美宾夕法尼亚大学的卢树森、谭垣、密歇根大学的朱神康、伊利诺伊大学的鲍鼎、留德柏林工业大学的贝季眉及留法巴黎美术专门学校的刘既漂、里昂建筑专门学校的虞炳烈等先生先后来校任教;沙坪坝时期，留美麻省理工学院的黄家骅、伊利诺伊大学的徐中、宾夕法尼亚大学的杨廷宝、童寯、哈雄文、密歇根大学的李惠伯、英国伦敦建协建筑学院的陆谦受等建筑名师及留学英、法的著名画家李汝骅又先后来系任教。至此，我系云集了当时国内建筑界几乎所有的顶级大师。

教学 / 教研——东西融合　技艺兼收

苏州工专的教学计划参照日本东京高等工业学校，在注重工程的实施基础上已经作出增设“都市计画”和“庭园设计”课程以加强学生设计能力培养的调整；由经典欧美“鲍扎”体系演变而来的中央大学的教学计划则更为完整、科学而合理，在保证技术基础及技术课应有分量的前提下，规划设计类、图艺类、史论类课程亦得到大大加强。该计划的特点是“整体发展”，意在使学习者在坚实的技术背景下，文化底蕴更博厚、动手能力更强实。

研究 / 实践——产学始糅 特色浅现

1920 年代起，杨、童、刘等先生在教学的同时，以其各自敏锐的学术眼光和扎实的治学态度，颇具前瞻性地陆续展开中国古典园林及民居等建筑的考察，是本学科对中国本土建筑文化研究的发端；学生自行组织刊印的《建筑》杂志 6 期，开创了本学科的学术刊物之先河；教师的设计作品更是覆盖全国诸多城市与地区，其中刘敦桢带领师生完成的中央大学文昌桥学生宿舍 1~7 舍等建筑设计，则是本系建筑教学结合工程实践的首例。

贰 *1949~1982*

新中国诞生后，全国高等学校院系的全面调整和社会主义建设热潮的推进，我国高等教育从欧美的“博雅教育”模式转向苏联的“专才教育”体系。在高等教育制度化发展及一系列系意识形态层面争鸣相随而至的进程中，烙有国情与时代印迹的“学院式”建筑教育体系在东南逐步成型，我系的建筑教育初步完成了本土化进程。

建制 / 师资——内充外展 架构完形

苏联高教体制的全面引进、国家建设的大量需求，使得建筑系的教研组分立、教师队伍扩充等成为必然：五个教研组之一的“民用建筑教研组”作为教学研究的基本单位，教研组的建设在发挥了核心教授领军作用的同时，集体协作和青年教师培养的优势得到明显强化；此外，我系还进行了与土木系的合分、试办设计院等也成为相关的连锁尝试。随着 1981 年我系的“建筑设计及其理论”与“建筑历史与理论”专业同时进入全国第一批硕士点和博士点、杨廷宝和刘敦桢先生当选中国科学院学部委员、杨廷宝先生以国际建筑师协会副主席身份开始国际性的建筑事务与学术交流，我系的建筑学科确立了在国内外建筑界的学术地位。

教学 / 教研——争鸣辨析 教学风成

随着教学机制的重新建立，我系的建筑教学在思想、内容、方法，在实践与理论、民族与国际、传统与革新之间反复研磨：苏联的“民族形式 + 社会主义内容”艺术观引发的中国民居、地方村落、江南园林调研成果作为教学资源被输入设计教学，1954 年的“中国古典建筑构图”及 1977 年以后的“大桥桥堡 / 金陵饭店”渲染训练取代了沿用多年的“西方古典构图”练习，建筑设计中尝试民族形式的革新运用；受“全国工业化大生产”、“教育与生产劳动相结合”等方略的驱动，工程实践及应用技术课时得以增加、工地现场教学等形式曾一度成为教学常态；教研组先后推出了“喇叭口理论”、“建筑办学十条”、“五字纲领”等教学主张。至 1960 年代中后期，东南建筑基本完成了自建系以来建筑教育体系的本土化进程，“严谨求实”在我系已然成风。

改革开放恢复高考后，开始招收硕士学位研究生，建筑设计课程的教学改革也开始起步。

研究 / 实践——产研齐进 成果初现

以国家建设需要及“中国建筑研究室”、“公共建筑研究室”成立为契机，我系以行政单元为组织的“学科方向”形式，系统地展开教学结合生产、弘扬民族建筑文化的研究与设计实践。在杨、童、刘等先生的带领下，我教研组主持完成了北京火车站、南京长江大桥桥头堡、南京金陵饭店（参与）等享誉全国的设计作品，深度参与出版了《综合医院建筑设计》、《苏州古典园林》等学术专著。

叁 *1983~2010*

改革开放以后，中国的建筑院校开始了国际范围的学术交流，随即开始实施全国建筑学高等教育专业教学评估和职业化注册建筑师制度……在这重要的转型过程中，东南的建筑学科在各方面均得到长足的进步，建筑教育也产生了自主、持续的历史性转变。

建制 / 师资——应时扩展 充实提高

我组积极参与推进了建筑系的机构扩展 / 升级、批量派出访学、占领学界高地等重要活动：主建了全国建筑高校首个“计算机辅助建筑设计（CAD）实验室”、首开先河的鲍家声教授工作室“开放建筑研究中心”、钟训正院士的“环境与建筑研究中心”，参建了程泰宁院士的“建筑理论和实践研究中心”；1980 年代初开始有计划地批量派出 8 名教师支援了华中理工大学、厦门大学、南京建筑工程学院、汕头大学、南京三江大学、南京大学等建筑系 / 研究所的开办与建设；1980 年代初开始批量派出中、青年教师数十名赴欧美各大名校建筑院系访学及攻读学位，1990 年代后在职年轻教师陆续完成博士学位攻读，新进教师一律要求博士学位；我组教师在全国性的评选中先后获评中国工程院院士 1 名、长江学者 1 名、全国模范教师 1 名。

教学 / 教研——理性改革 批判前行

在理性教学改革思路的引领下，以设计课程的教学改革为起点，对原有的体系展开了一系列的适应性调整与改革。1980 年代中，我组年轻教师们提出基于现代建筑的理性化建筑设计基础教学改革方案，其后与苏黎世瑞士联邦理工学院（ETH–Z）建筑系的持续交流所得又促成了该教案的不断优化，继而向二、三年级及高年级的拓展：设计初步新教案强调结合基本训练，系统地进行早期设计意识与能力的培养；二年级设计教学以问题为导向取代以建筑类型为线索的试错式进程；三年级设计教案转向与设计基础教学相衔接的“阶段性、专题性、整体性”并重的教案；2003 年，在国内率先提出建筑学本科“3+2”培养模式及“一体两翼”课程体系，相应地四年级设计开始实施“教授工作室制”，侧重课题的研究性与综合性，以完成专业知识和设计技能的整合运用。此后，我系建筑学专业的学生在国内外各类重要设计赛事中频频取得佳绩，真实反映了教学改革成效，教改的系列成果也曾先后 3 次获国家优秀教学成果奖。

作为承担本科专业教学的主体，建筑系还先后组织多校联合毕业设计、开办“杨廷宝班”、开展皖南古村落测绘、建设实践教学基地、创办海外（学位）班等，奠定和推动了东南建筑的开放性、国际化办学进程；研究生教学方面也成果硕硕：培养出国内首位建筑学博士项秉仁，并在组织国际联合教学、聘请外籍师资、招收GCT工程硕士、设立建筑学博士后流动站等方面积极表率。

研究 / 实践——多方出击 成效卓著

这是教研开始并重相融的阶段，医院、住宅、图书馆、开放建筑、城市设计等方向的研究成果斐然，相应的各类出版物也颇具影响：首先是再版多次的《建筑制图》、《建筑画环境表现与技法》、《公共建筑设计基础》、《现代城市设计理论和方法》、《城市设计》等教材，其次是《徽州古建筑丛书》、《支撑体住宅》、《城市·建筑一体化设计》、《整体地区建筑》、《绿色设计》等理论专著，再者是《图书馆建筑》、《店面设计与装修》、《幼儿园建筑设计》、《居住建筑设计原理》、《快速建筑设计方法入门》、《休闲娱乐建筑设计》等设计原理类，此外还参与主编了新版《建筑设计资料集》第八分册及《图书馆建筑设计规范》的编撰。

老中青学者先后获国家杰出青年科学基金资助、“十一五”国家科技支撑计划项目等国家重点科研项目，并与瑞典、英国等积极开展国际合作研究，先后有数位教师连续获得国家自然科学基金资助，反映出科学研究继往开来的发展势头。

1985年组织召开了改革开放后首次“全国建筑教育思想讨论会”、1986年主办了首个国际会议“中国——欧洲医院设计学术交流会”后，又陆续主持召开了“国际住宅年——城镇住宅规划设计国际学术讨论会”、首届“开放建筑国际研讨会”和“‘全球化与地域性’南京国际建筑师论坛”等具有较大影响力的国际会议。

设计创作成果喜人，如无锡太湖饭店、海南金陵度假村、无锡支撑体住宅、南京电视台演播中心、南京农业大学图书馆等分别获得省部级以上的高级别奖项，钟训正等主持的“南京长江大桥桥头堡”、韩冬青等主持的“南京森林公安高等专科学校主体建筑群”入选“新中国成立60周年建筑创作大奖优秀奖”。

肆 2011~2017

随着城乡规划和风景园林独立成为一级学科，建筑学一级学科复为学院新格局下的建置系级单位。东南建筑学院在卓越化与国际化等方面发展迅速，我系的建筑教育也得到全面的突破性提升。

建制 / 师资——充实拓展 占领前沿

建筑学专业进入“卓越工程师计划”，完成了与此对接的新“杨廷宝班”组建工作，持续探讨建筑学（本科）专业特色化国际化人才培养体系；参与本校与上海现代建筑设计集团、西南建筑设计研究院及苏州市建筑设计研究院联合申报的工程实践教育中心获准“国家级校外实践教育基地建设项目”，并在全国各片区主要中心城市，与具有较大业内影响的各类设计企业建立研究生联合培养基地达30余个，聘请企业导师 100 余名；由我系王建国教授任中方负责人成功申报国家外专局 111 引智基地“当代城乡环境整合技术创新引智基地”，参与学院创建的全英文学术期刊 *Frontiers of Architectural Research*，我系王建国教授担任主编；我系建筑学在教育部组织的全国第三轮学科评估中取得全国第二的优异成绩，我系教师先后获评“建筑设计国家级教学团队”、“江苏省资深设计大师” 3 名、“当代中国百名建筑师” 2 名、中国工程院院士 1 名、“国家万人计划领军人才” 1 名，入选中国建筑学会、中国城市规划学会副理事长各 1 名。

教学 / 教研——多元融合　开放开拓

在学院倡导的三大学科共建共享专业基础课程群建设中，建筑系积极承担主体及协调工作。修订了全新架构的建筑学专业人才培养方案：本科方案重点构建“宽基础、强主干、拓前沿”的教学体系和矩阵式融通课程体系，研究生方案则强调课程制与导师制并行的培养路径和构架清晰的研究生课程体系，陆续开设本硕打通的全英文前沿课程多门、开展国际联合教学每年 10 余次；教学改革成效显著：“建筑设计”获批国家级“精品课程”并成功升级为“国家级精品资源共享课程”，“建筑设计基础”课程入选“十三五江苏省高校在线开放课程”建设并上线，博士学位论文（1 篇）获“全国百篇优秀博士学位论文”；在“（专指委）建筑设计教案和教学成果评选、观摩活动”、“中国建筑新人赛”、“中国建筑院校境外交流学生优秀作业评选”、“东京 UIA 国际学生设计竞赛”等国内外重要设计赛事中，本系选送的教案和学生作品获得了优异的成绩。

研究 / 实践——团队作战　升级上位

我系教师编著（含拟编著）的《图书馆建筑设计》、《建筑设计概论》、《建筑理论与设计》、《城市设计（第二版）》、《绿色建筑设计教程》、《居住建筑设计原理（第三版）》等入选住房城乡建设部十三五规划教材和高等学校建筑学专业规划推荐系列教材，首次主持了民政部委托的 3 部国家建设标准的编制工作；我系教师主持并高水平完成了国家自然科学基金重点项目资助的“中国城镇建筑遗产适应性保护和利用的理论和方法”、十二五国家科技支撑计划项目“传统古建聚落人居环境改善关键技术研究与示范”，此外还获批十三五科技部专项计划项目 1 项、课题 3 项；多位教师参与程泰宁院士主持的中国工程院咨询研究项目“当代中国建筑设计现状与发展研究”，项目主要成果《当代中国建筑设计现状与发展》被列为“十二五”国家重点图书规划并获“2015 中国大学出版社优秀图书”一等奖。

建筑系师生积极参与并承担国家及地方的重大及重要项目设计，先后获得多项（次）全国性设计奖项。在重点投资建设的国家级公益文化设施“中国国学中心”国际竞赛中，我系教师参与主创的方案拔得头筹并完成建筑及室内技术设计，现已竣工、投入使用；我系教师参与主创的“南京大报恩寺遗址公园规划设计”在国际竞赛中中标，并完成技术设计、投入使用；我系教师还参与东南大学与日本“日建设计”组成联合团队，在“北京城市副中心总体城市设计和重点地区详细城市设计方案国际竞赛”中获“六号重点地区详细城市设计”优胜奖。

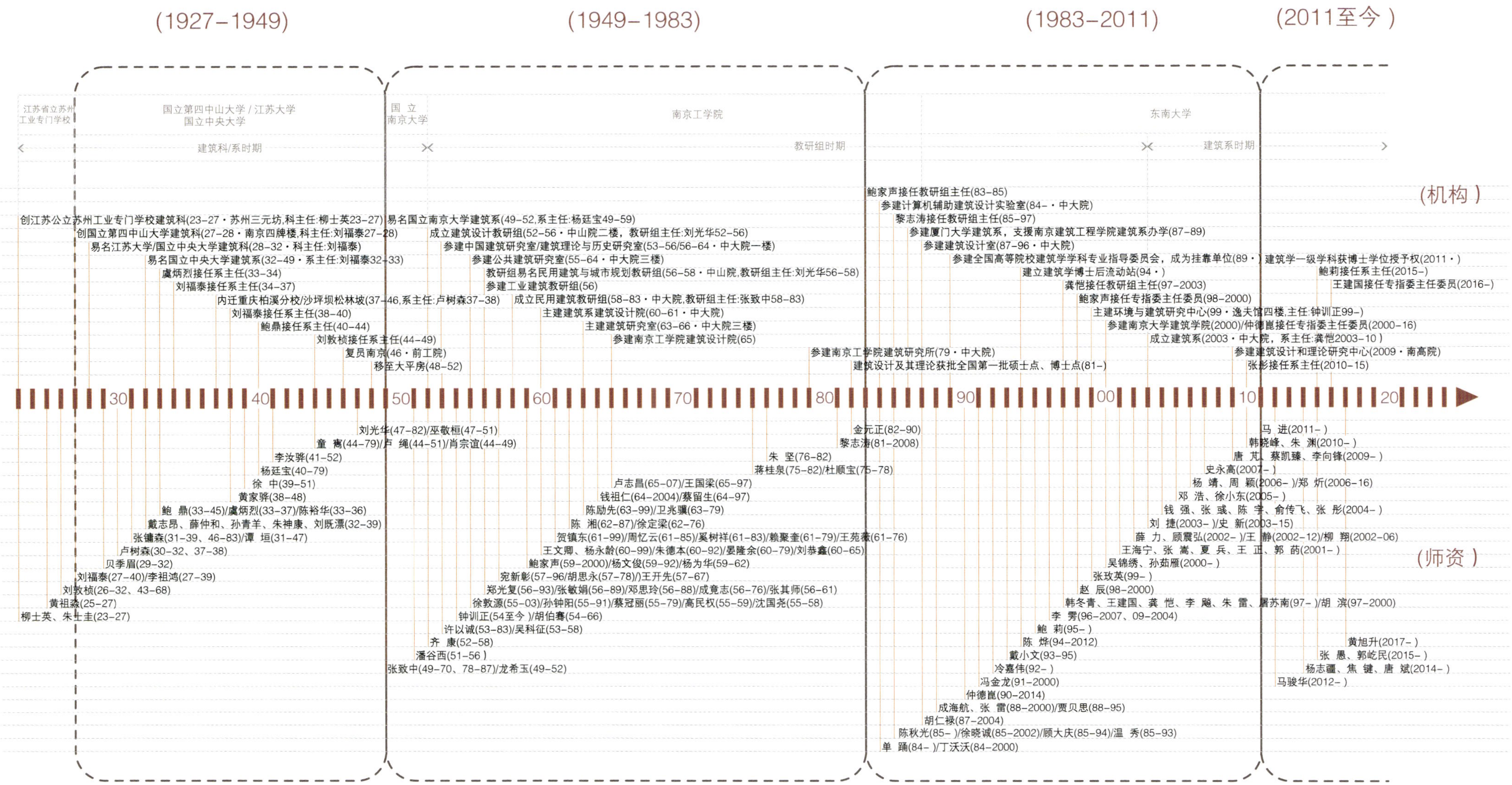

建筑系・建制发展示意图

（注：表内时间指标 00 指 2000 年；之前的指标，如 40–79，指 1940–1979 年；之后的指标，如 03–10，指 2003–2010 年；跨于两边的，如 90–14，指 1990–2014 年。）

城市规划系学科发展简介

东南大学是全国最早开设城市规划课程的高校之一，其学科演变可划分为“启蒙与孕育、形成与发展、转型与拓展”三个时期，表现出“从一门课程到一个专业，从建筑学的二级学科到城乡规划一级学科”的历史特征。

启蒙与孕育（1923~1949）

东南大学城乡规划学学科起源，可追溯至1923年的国立东南大学土木工程系以及苏州工专的建筑工程科。至新中国初期，城市规划课程同时开设于土木系、建筑系。任课教师均为留学归来，先后导入了日美法英等不同国家的城乡规划知识。

首开城市规划课程

◆ 起源

1923年3月，国立东南大学工科增设土木工程系与电机工程系。其中，土木工程系分为建筑门、营造门、道路门、市政门4门；道路门、市政门设置“城市计划”必修课程（半年；每周授课3学时；2学分）。同年9月，苏州工业专门学校正式创办建筑工程科，柳士英任系主任，学制3年，沿用日本建筑教学体系，其中在三年级设置“都市计画”专业课程，由柳士英讲授。上述两门城市规划课程的设置为后来中央大学建筑系和土木系中城市规划课程教学的开展奠定了基础。

◆ 教学演变与特色

1927年7月，江苏省试行“大学区制”，以东南大学为基础，合并包括苏州工专在内的省内另8所高校新组建“国立第四中山大学”，以苏州工专建筑工程科为基础，国立第四中山大学工学院设置建筑工程科，学制4年。8月，刘福泰来到南京，担任国立第四中山大学建筑工程科副教授兼首任科主任，在建筑工程科设置“都市计划”课程，并亲自讲授，这是继柳士英在苏州工专建筑科引入日本城市规划教育体系之后，首先将美国的城市规划教育体系引入国内建筑学本科教育。

1928年2月，“国立第四中山大学”易名“江苏大学”，4月又更名为“国立中央大学”。建筑工程科首招2名学生，三年级开设庭园图案（Landscape Design），四年级开设都市计画（City Planning）。在授课方式上，当时国内的城市规划课程多采用讲授的方式，而中央大学最早实行理论讲授与实习环节并举，采取“画一讲一”。到1930年，根据教学的需要，中央大学对都市计划课程作了进一步调整：从四年级第一学期调整到第二学期开设，上课时数从每周6课时增加到8课时，授课方式从“画一讲一”改为“画六讲二”。这次调整不仅加长了规划课程的课时数，同时还增加了“画”的比例，强化了城市规划基本绘图训练。1933 年，毕业于巴黎大学市政学院的虞炳烈来系任都市计划教授，他将巴黎大学“都市计划基本练习第二种（广场）”的作业引入中央大学，作为都市计划的基本练习，安排学生描摹各国著名的城市广场，最后把自己描绘的各国城市名作和学生描绘的作业集中在一起，订成一本“都市建设术世界名市杰作之集合”。在教学内容上，引进了美国权威规划著作《City Planning》（Nolen, John ed.New York：D.Appleton And Co.,1929），作为教本，授课内容为“古今都市街道及转运制度之轻便公园之规划及公共建筑市中心区等一切计划”，有选择性地吸纳了美国城市规划中的街道运转、公园规划、公共建筑、市中心规划等内容。此外，在教学过程中，非常注重理论联系实际，讲到城市规划中的相关问题时，就会带领学生去实地参观考察，培养学生将理论知识应用到国家实际建设中的能力。

◆ 师资多元荟萃

从 1923 年国立东南大学土木工程系和苏州工专建筑工程科开始，到 1927 年后的中央大学建筑系和土木工程系，至 1949 年新中国成立，城市规划课程一直在建筑和土木工程两个学科专业中开设。任课教师均为留学归来，建筑系如 1923 年的柳士英留日、1927 年的刘福泰留美、1933 年的虞炳烈留法、1943 年的鲍鼎留美，1947 年的刘光华留美和陈占祥留英等；土木系如朱皆平留英法、沙玉清留德等。他们在教学过程中不仅传播了欧美日等国的城市规划理论与知识，而且积极开展城市规划研究与实践，建立了东南大学城市规划“理论研究与实践应用相结合”的学科传统。

历史作用

该时期城市规划教学的历史作用体现在两个层面，其一为开创性，其二为示范性。

◆ 开创性

1923 年国立东南大学的“城市计划”课以及苏州工专的“都市计划”课，分别是中国土木工程学科和建筑学科中首次设置的城市规划课程，对于近代城乡规划教育的形成具有开创性的历史意义。虽然国立东南大学工科于 1924 年秋停办，1927 年苏州工专建筑科也随校合并，但二者均是后来中央大学发展的重要历史基础。

◆ 示范性

1933 年《中国建筑》第一卷第二期刊登了中央大学建筑工程系课程标准，其中列有“都市计画”课程，借由这份杂志的宣传作用，无形中在建筑教育界起到了引导作用，成为不少建筑院校的教学参照。1939 年，南京国民政府教育部在后方重庆颁布了新的全国统一《大学科目表》中，其中工学院建筑工程学系科目，是由中央大学建筑系系主任刘福泰与梁思成、关颂声共同制定，在刘福泰的主导下，该建筑科目表中设置“都市计划”选修课。从此，以全国统一教学文件规定的形式，建筑学中设置城市规划课程逐渐形成共识，受此影响，1939 年以后天津工商学院、北京大学、上海圣约翰大学、之江大学等院校的建筑系中均设置了城市规划课程。

形成与发展（*1949~2011*）

1950 年代后，东南大学城市规划学科历经向苏联学习，编写全国教材，组建教研组，招收专科生，最终在建筑学专业设置城市规划专门化，形成了核心师资与学科的初步架构；改革开放后，先后获得建筑学科下设的二级学科硕士博士学位点，招收城市规划全日制本科生，入选国家特色专业，通过专业教育评估；建立学院下属的城市规划系建制，城市规划学科得以快速发展。

社会主义转型背景下的城市规划专门化（1949~1977）

新中国成立后，中国选择了社会主义制度，城市规划研究与实践也进入一个社会主义转型的新阶段，逐渐形成了城市规划服务社会主义建设实践的基本思路。为了适应城乡规划建设的需求，1958 年南京工学院建筑系成立了城市规划教研组，教研组老师在组织建筑学专业背景下的城市规划专门化方向的教学活动的同时，也积极开展城市规划的学术研究与生产实践。

◆ 学术研究

虽然这一时期中国城市规划几上几下，但东南大学城市规划学科在科学研究方面还是取得了不少成果，具体表现为：主持或参与编写城市规划教材，如《市镇计划》、《城市道路与交通网》、《城乡规划（上下册）》、《城市规划原理》；创办南京工学院学报《城乡规划》专刊。学术论文作为体现科学研究的重要表现形式，在 1957~1983 年期间，城市规划教研组教师共撰写学术论文 41 篇，除发表在上述《南工学报》及其《城乡规划》专刊外，还有《城市规划》、《建筑学报》等国内权威刊物。这些成果主要围绕“社会主义城市规划、城市道路交通规划、人民公社规划”三个领域展开，表现出明显的时代性、应用性，研究主题与国家发展建设需求关联紧密。

◆ 规划实践

1958 年城市规划教研组成立后，规划专门化的学生在教师的带领下，开始走出校园，参加规划生产实践活动。1960 年代参与了大量的人民公社规划实践，为后续详细规划设计的开展奠定了基础。1970 年代初期，吴明伟被借调建设部一年，参与《城市工业布局规划》的调研工作，对“大三线”几十个工业城市的用地进行了全面调查，调研成果在《南工学报》以单行本形式发表，这项工作也成为 1980 年代制定《城市用地分类与规划建设用地标准》（1990）的重要基础之一。

这一时期，尽管几经波折，但城乡规划学科仍然实现了一定的发展，规划理论研究和工程实践实现了有益的良性互动，为规划学科下一阶段的稳步成长奠定了基础。

二级学科背景下的规划本硕博一贯制（1977~2004）

1981 年，南京工学院招收城市规划与设计专业的工学硕士研究生，标志着东南大学“城市规划与设计”二级学科的建立，之后相继取得博士学位授予权（1990，全国第四批）、被确定为省级重点学科（1994）、通过国家专指委教学评估（1998）。

本科专业教育的发展则几经波折。1980 年代初本科教育中的城市规划只作为“建筑学”的专门化之一，1986 年始招收城市规划专业四年制本科生，制定独立的培养方法与教学计划，然而 1989 年因国家教委实行宽口径培养综合性人才要求，城市规划又回到“建筑学”大学科教育的培养方案。城市规划本科专业教育经过 8 年中断，于 1998 年恢复，按《全国高等学校城市规划专业培养方案》的要求设置专业课程，制定了 1999~2002 级《指导性教学计划》。

至此，东南大学城市规划教育形成了本、硕、博一贯制。

◆ 学科特色的构建

该阶段内，东南大学在城市规划教学组织方面，注重与科学研究及工程实践项目的结合，进一步强化“教学与科研实践”结合的发展方向。以齐康、吴明伟、黄伟康、夏祖华等师资力量为研究核心，逐步形成了城市空间设计、历史保护、城市中心区规划的学科特色和研究方向。城市空间设计研究方面的突出成果，当数 1992 年夏祖华、黄伟康编著的《城市空间设计》；在历史保护方面，典型成果如 1983 年吴明伟主持的绍兴市中心区规划，不仅在全国中小历史文化名城会议上介绍，还在业内权威杂志《城市规划》1984 年专稿介绍，奠定了东南大学城市规划学科在历史文化保护方面的全国性领先地位；在城市中心区规划方面，大量生产实践获得国家级奖项，在全国范围形成影响。

◆ 对外交流的扩大

为了推动学科发展，东南大学城市规划越来越重视国际化，不仅有越来越多的教师出国交流，还大量引入国外先进的高品质城市空间设计理念和方法。1998 年，建筑系成立联合国教科文组织（UNESCO）亚太地区 GIS 历史文化遗产保护培训中心；时任建筑系副系主任的黄伟康参与了与 ETH 签署的交流协议，从此开启了与 ETH 长达数十年的教学交流。此外，还召开“现代城市空间与景观设计研讨会”，形成广泛影响。

设系之后的快速成长期（2004~2011）

2003 年，东南大学在原建筑系的架构上新组建建筑学院，下设城市规划系，设系之后的 2004~2011 年，东南大学城市规划进入全面快速成长期。

除了不断强化“物质空间规划”这一传统学科特色在全国的引领优势，为了进一步突出产学研相结合，城市规划系提出建设“学科建设、实践基地、联合教学、国际交流”等多维平台的机制，为学生提供真实的实践环境和广阔的认识视野。尤其是在国际联合教学方面，充分利用本学科先后与美、加、澳、日、韩、德、瑞士、瑞典、荷兰建立的良好学术交流和合作，使联合教学成为常规教学体系的创新性教学补充，也成为跨文化、跨学科、跨年级的高水平交流平台。逐步实现了多元化的探索，采用“授课式”、“参与式”、“同步式”的教学模式，逐步实现了与国际先进城市规划专业教学体系的接轨。

转型与拓展（*2011* 年至今）

2011 年城乡规划学一级学科成立，在 2012 年的教育部第三轮学科评估中，东南大学城乡规划学科名列全国第三位。目前，拥有一级学科城乡规划学博士学位授权点和博士后科研流动站，教育部国家特色专业建设点，城乡规划学科为江苏省一级学科重点学科和江苏省高等学校品牌专业和重点专业。

◆ 六大学科方向的拓展

科学研究、人才培养、社会服务三位一体，适应社会转型的学科方向逐渐拓展。以城乡规划一级学科为背景，在国家确定的 6 个二级学科的基础上，充分考虑了东南大学城乡规划的优势特点以及学科发展的前沿热点，设置有“城市空间理论与应用方法、城乡规划设计与理论、城乡规划历史与遗产保护、区域发展与城乡总体规划、城乡住区规划与社区发展、城乡规划技术与管理”六大二级方向，形成了完整充实的一级学科总体架构。

◆ 城乡空间研究的构筑

东南大学城市规划，从学术理论研究和规划设计方法创新、全国性学术组织和活动、公益性科研科普、重要科研项目与论著等方面，构筑起了一个城乡空间研究的学术高地。在学术理论研究方面，形成了以“空间发展论”为主脉、辐射各类城乡空间的系列化理论成果，探索出旧城更新、新城建设、中心区规划、社会空间解析等一批高水平、有影响的学术成果。在创建全国性学术组织方面，先后推动创建中国城市规划学会城市规划历史与理论学术委员会、推动筹建中国城市规划学会城市更新学术委员会等，同时创建教育部建筑与城市遗产重点实验室、参与筹建中美先进城乡研究中心和中德可持续城市研究中心等。在承担公益性科研科普活动方面，积极参与中国科协、中国城市规划学会组织的第三方评估、国际区域与城市规划准则咨询以及“西部之光”等大量规划援助活动。

◆ 城市设计专业的架构

建立了中国“城市设计”领域包括理论体系、重大实践、规范标准、名词概念、专业教材、发明专利、项目获奖等在内的专业大框架和行业全链条，有效引领国内城市设计的专业发展——在理论体系方面，率先在国内系统构建城市设计的理论和方法体系，并成功付诸于大量实践。在国际和国家行业标准方面，不但积极参与联合国人居署颁布的《城市与区域规划国际准则》修改工作，还研究起草了中华人民共和国住房和城乡建设部《城市设计技术导则》，首次在全国层面搭建起城市设计编制的整体技术框架。在名词界定和地方规范方面，编撰《全国科学技术名词审定委员会——城乡规划学名词》及住房和城乡建设部《城市设计理论与理念发展综述研究》，科学界定“城市设计”类名词概念及相关内容。在专业教材方面，主编土建学科专业“十二五”普通高等教育本科国家级规划教材《城市设计》，取得良好口碑和广泛影响。

◆ 国际化的进一步发展

此外，东南大学城乡规划学科国际化进展迅速。在学术交流方面，城市规划系与国际知名教授 Bill Hillier, Luca Bertolini, Klaus Kunzmann 等合作出版专著与发表论文，多年来连续翻译联合国人居署世界人居系列年度报告并出版，参与联合国人居署的《城市和区域规划国际导则》的国际标准修改。段进是国际城市与区域规划师学会中国代表之一。举办了“城市更新”、“水与城市”、“工业遗产”等一系列国际学术会议，在国内外产生了重要影响，有力推动了城乡规划学术研究方向的拓展。与城市规划学会联合主办《工业遗产、文化产业和创新型城市发展战略》国际研讨会，以及与德国歌德学院联合主办《东西德建筑展》和“中德建筑研讨会”等国际交流学术活动。

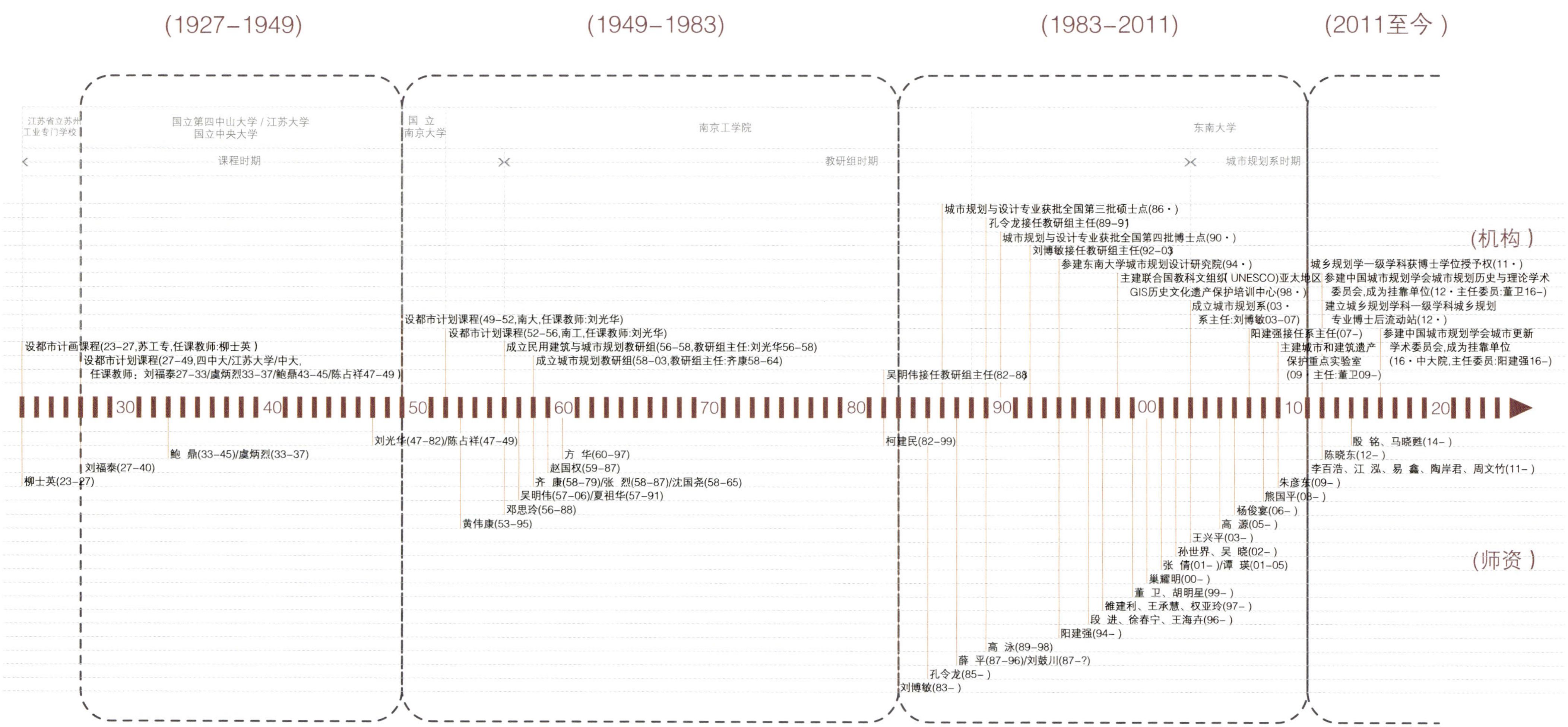

城市规划系・建制发展示意图

（注：表内时间指标 00 指 2000 年；之前的指标，如 27–40，指 1927–1940 年；之后的指标，如 03–07，指 2003–2007 年。苏工专指苏州工业专门学校。四中大指以国立东南大学为基础，合并苏州工专等八所高校后所组建的国立第四中山大学。中大指由第四中山大学易名江苏大学复又更名的国立中央大学。南大指 1949~1952 年期间，由国立中央大学更名的国立南京大学。）

景观学系学科发展简介

东南大学风景园林学科以探索保护、营建理想及可持续人居环境为目标，聚焦风景环境与建成环境，始终坚持理论与实践相结合，走中国特色的风景园林办学之路。培养风景园林规划设计、工程技术与建设管理、资源与遗产保护、园林植物运用专门人才。基于当代风景园林学的本体特征，构建风景园林学科培养体系，形成覆盖本科、硕士、博士、博士后的全过程人才培养机制。与理论研究相应，实践成果丰硕。刘敦桢、潘谷西、张十庆等学者保护、修复、创作了一批古代园林遗存与景观，为传统园林的保护、景园文化的传播作出了卓越贡献。齐康、杜顺宝、成玉宁等创作了一批具有地域特征的新园林景观，开辟当代中国风景园林艺术创新新方向。

1923~1951

1927 年中央大学建筑系成立，作为创始人之一的刘敦桢早在 1920 年代于苏州工业专科学校执教时已经开始接触园林，1932 年他开始在营造学社工作，此后于 1933 年发表《同治重修圆明园史料》、1936 年发表《苏州古建筑调查记》；1943 年，他回到中央大学建筑系任教。童寯是用现代的建筑学术方法研究中国园林的第一人，自 1931 年开始决意遍访江南名园，独自手摹步测，数载惨淡经营，于 1937 年写成了著作《江南园林志》；受刘敦桢邀请，于 1944 年至中央大学建筑系任教。著名林学家及造园学家陈植于 1931 年至中央大学农学院任副教授，1932 年完成《造园学概论》的书稿，于 1934 年由上海商务印书馆出版，成为当时国内仅有的造园学专著；此外，还参与《园冶》在国内重印的工作，以及写作多篇关于园林史的文章；他在中央大学所开设课程亦为建筑系学生选修。

1952~1983

1953 年南京工学院（现东南大学）与华东建筑设计公司合作成立“中国建筑研究室”，刘敦桢任主任，重点开展园林、民居等方面的研究。1958 年 6 月，“中国建筑研究室”并入建工部建筑科学研究院“建筑理论与历史研究室”，作为“南京分室”，继续园林等方面的研究。1964 年，“建筑理论与历史研究室南京分室”撤销。该机构存在的十余年间，以苏州园林为中心内容之一，进行了大量的普查和研究，成为当时全国范围内最早、也是最重要的对中国园林开展的机构性调查研究。在其影响之下，此类调查在全国范围内大量出现。组织研究团队进一步深入调查、测绘，投入到《苏州古典园林》一书的写作，反复补充、修改。潘谷西等作为刘敦桢先生助手参加了苏州园林研究及《苏州古典园林》书稿的工作。1979 年，刘敦桢先生遗著《苏州古典园林》最终面世，由中国建筑工业出版社出版，获得了学界最高的赞誉。此书于出版当年获“全国科学大会奖”、1981 年获“国家科技进步一等奖”，此后也被译为外文在国外出版而产生巨大影响。

1979 年作为内部教材的《江南园林图录》，由刘先觉、潘谷西编纂，署名“南京工学院建筑系建筑史教研组”；1983 年，童寯《造园史纲》由中国建筑工业出版社出版；同年，童寯以英文撰写的《东南园墅》一书成稿。

除了学术著述，在风景园林的科研实践方面重要的项目有：1958 年，刘敦桢接受主持整修南京瞻园的任务，工程于 1960 年开始，1966 年完成，这是新中国成立后第一例影响重大的传统园林整修项目。1978 年 1 月，南京工学院院长杨廷宝教授率工学院建筑研究所设计组，对武夷山风景区进行考察；1980 年 3 月，南京工学院与福建省建筑设计院合作编制完成了风景区的第一个小区详细规划武夷山景区规划；之后，南京工学院会同有关部门在深入调查的基础上逐步完成了武夷宫风景区各区的规划。此外，1980 年后，潘谷西等主持了连云港云台山风景名胜区规划及重要景点设计、绍兴兰亭风景区规划等。

在人才培养方面，1958 年南京工学院建筑系城市规划教研组成立，开始设置“城市绿化”课，这是与风景园林学科发展相关的另一个重要源头。该课程由邓思怜担任首位授课教师，1960 年开始由沈国尧讲授，拟订了完整的课程教学大纲。1961 年，南京工学院、同济大学、武汉城建学院三校合编了共用的教材《绿化建设》，沈国尧是主要编写人和召集人。在教学中，在 1960 年代，本科毕业设计中已有风景园林规划设计内容；1980 年代初的毕业设计中，风景区规划设计题目又开始大量出现，也成为风景园林学科正式确立的重要动力。

1983~2011

1985 年在南京工学院建筑系建筑历史教研室基础上成立“风景园林教研室”，承担次年风景园林第一届本科招生的主要教学，这标志着我校风景园林学科的正式确立。1989 年因国务院学科专业目录调整而停止本科招生，但风景园林教研室一直保留。2003 年，新组建建筑学院，次年景观学系正式设立，使风景园林学科的建设得到强有力的推动，从而进入到一个新的发展阶段。与景观学系同时成立了东南大学景观规划设计研究所，成玉宁任所长。杜顺宝教授为前期的本学科带头人，成玉宁教授自 2008 年任景观学系主任、风景园林学科带头人，2010 年东南大学风景园林学获评为江苏省重点学科。

在人才培养方面：2002~2006 年，设置环境艺术设计专业（景观学方向），恢复本科招生，共招收 5 届，与美术教研室共同建设。2007 年，恢复景观学（工学）本科招生至今。研究生招收方面，1985 年，建筑历史与理论专业硕士研究生招生中，开始设置风景园林方向；1987 年首次招生。1989 年，城市规划专业中的风景园林方向硕士点获准。1990 年，建筑历史与理论专业中设置风景园林方向的博士研究生招生。1994 年，城市规划专业中的风景园林方向开始招收博士生。2004 年，招收景观建筑学硕士、景观建筑学博士。2005 年，风景园林硕士专业学位招生。

1980 年代有影响力的风景园林工程项目创作有：滁州琅琊山风景名胜区规划及景

点与建筑设计，天山天池规划，绍兴沈园规划设计，麦积山规划及景点设计，安徽马鞍山市采石矶风景区及重要景点建筑等。进入1990年代，风景园林工程创作更加丰富：①风景区规划，代表性项目及获奖有：杜顺宝主持浙江绍兴柯岩风景区规划；1998年杜顺宝主持绍兴鉴湖风景名胜区柯岩景区规划设计获“江苏省建委省级优秀工程设计一等奖”；2002年杜顺宝主持常熟沙家浜景区规划设计获“江苏省优秀设计二等奖”；2006年成玉宁主持的南京大石湖生态旅游度假区规划获南京2006年优秀旅游规划设计二等奖；2007年杜顺宝主持天山天池国家级风景名胜区总体规划及修编获“中国城市规划协会优秀城市规划二等奖”；2010年成玉宁主持的“南京大石湖生态旅游度假区规划”获全国优秀城乡规划设计三等奖。②风景园林规划及景观设计，代表性项目及获奖有：2000年成玉宁主持江苏省睢宁文化广场规划项目获省级第九届优秀工程设计三等奖、南京老山森林公园入口及餐饮中心设计获省级第九届优秀工程设计三等奖、浙江桐庐中心获浙江省钱江杯；2003年丁宏伟、成玉宁主持南京中国近代史博物馆（总统府）规划设计项目获省级城乡建设系统优秀勘察设计三等奖；2004年成玉宁主持的“常熟尚湖风景区拂水堤景观改造设计”获江苏省第十一届优秀工程设计三等奖；2005年杜顺宝持新昌大佛寺景区般若谷景点设计获江苏省建设厅省优秀工程设计一等奖、建设部部级城乡优秀勘察设计二等奖；2007年成玉宁主持的江苏大丰市二卯西河景观设计获江苏省优秀设计二等奖。③古代园林遗产保护，代表性项目有：1998年潘谷西主持指导常熟燕园的修缮设计。④风景建筑设计，代表性项目及获奖有：2001年杜顺宝主持南京狮子山阅江楼设计获“教育部优秀工程设计二等奖”、2005年获“国家工程建设质量奖审定委员会国优工程银奖”；2009年杜顺宝主持的绍兴柯岩景区镜湖大酒店设计获“中国勘察设计协会优秀勘察设计二等奖”；杜顺宝主持的泰州望海楼重建设计获“江苏省城建系统优秀设计二等奖”；成玉宁主持的南京武夷绿洲观竹苑（二、三期）、品茗园景观设计获省级城乡建设系统优秀勘察设计二等奖。

这一阶段的风景园林学科研究产生了诸多学术专著，大致有以下几类。①中国传统风景园林研究，代表性著作有：潘谷西主编《中国美术全集·建筑艺术编·园林建筑》、杜顺宝《中国的园林》、张十庆著《〈作庭记〉译注与研究》、童寯《东南园墅》、陈薇主编《中国美术分类全集·中国建筑艺术全集·私家园林》、张十庆编著《五山十刹图与南宋江南禅寺》、潘谷西编著《江南理景艺术》、杜顺宝主编《中国美术分类全集·中国建筑艺术全集·风景建筑》、郑炘著《山水风景与建筑》、顾凯著《明代江南园林研究》等。其中，潘谷西编著《江南理景艺术》获第六届国家图书奖提名奖和第十一届全国优秀科技图书一等奖。②当代风景园林设计研究，代表性著作有：成玉宁主编《园林建筑设计》、成玉宁著《现代景观设计理论与方法》、王晓俊著《园林艺术原理》、唐军著《追问百年——西方景观建筑学的价值批判》、谭瑛编著《中国住区环境发展研究》等。

此外，风景园林学科研究中也涌现出大量优秀的学术论文，尤其集中于中国传统风景园林研究、风景建筑设计、当代风景园林设计研究等。

2011~2017

2011年风景园林学科成为一级学科，我校风景园林学科也从此进入系统的发展时期。健全了风景园林本科、硕士、博士、博士后全系列人才培养体系，先后获批成立了东南大学数字景观实验室、江苏省数字景观环境综合训练中心、江苏省城乡与景观数字技术工程中心等。2011 年由全国风景园林本科专业指导委员会主持，在东南大学召开了全国首届风景园林教育大会，东南大学风景园林学科逐步形成根植于本土的特色理论和方法论体系，2013 年本学科首轮教育部学科评估中获得第二名的佳绩。

东南大学风景园林学科以风景园林理论与方法研究引领学科建设；以数字技术为代表的前沿科学技术支撑风景园林学科发展；以历史理论与遗产保护研究传承景园文化；以系统的设计创作与工程实践推进科研成果转化；形成以风景园林学为本体，融合科学、艺术与技术的复合型学术研究体系；依托东南大学多学科交叉、共建的科研平台，持续建设东南大学数字景观实验室（现为江苏省数字景观综合训练中心、江苏省城乡与景观数字技术工程中心），拓展、深化风景园林学科研究，并在风景园林环境的量化分析评价与参数化设计方法等领域取得丰硕成果；依托国家自然科学基金、江苏省优势学科基金、中国博士后科学基金等支撑，加速相关科学研究成果的集成、转化与推广运用。

这一期间，学科成员主持、参加国家自然科学基金二十余项，先后获得科研、教学成果奖励十余项，国家级、省部级优秀设计奖共计四十余项。能够充分反映东南大学风景园林学科建设的典型成果包括以下四点：

（1）基于一级学科，系统提出“现代景观设计理论与方法”，相关教材获得普遍应用。针对新时期风景园林学高层次人才培养需要，以《现代景观设计理论与方法》（成玉宁著）构筑专业人才培养的理论主线，初步建成符合学科特征的当代风景园林设计及理论教学内容体系。

（2）引领数字景观学术前沿，主办“中国数字景观国际论坛”，促进风景园林科技创新与实践。学科在风景园林设计耦合理论、参数化适宜性分析技术、设计综合调控技术等方面的创新性突破，相关成果已通过江苏省土木建筑学会组织的专家鉴定（2015.3），以齐康院士为主任委员的专家组评价为“国内首创、国际领先水平”。学科带头人受邀在国内外学术会议作报告 30 余次，团队近 5 年来主持百余项科研项目，相关成果已在世界文化遗产、国家级风景区、国家森林公园、青奥工程等数十项重要工程中推广应用。本学科经教育部立项批准，以定期系列国际会议形式主办中国首届数字景观国际论坛（2013 年）、中国第二届数字景观国际论坛（2015 年），持续产生国际影响力。

（3）结合风景园林历史与遗产保护最新研究，出版十二五规划教材《中国园林史（20 世纪以前）》1 部，《造园堆山》等园林历史文化专著 6 部，“中国古典园林史学方法论”等论文 40 余篇，主持国家、省部级科研项目 5 项。学科团队骨干成员主持、参加设计完成“南京牛首山风景区景观工程规划设计”、“京杭运河（无锡段）两岸景观提升改造工程方案及深化设计”、“安徽滁州琅琊山风景区丰乐亭景区规划”、“南京钟山风景名胜区博爱园修建性详细规划”等自然及历史遗产景观设计 40 余项。

（4）依托江苏省数字景观环境综合训练中心、江苏省城乡与景观数字技术工程中心技术资源，拓展数字技术在风景园林、海绵城市等领域内的研究与实践。研发了“生态路”系统，该技术有关成果已获国家实用新型发明专利 1 项，国家发明专利 1 项，发表高水平论文 4 篇，工程实践“南京天保街生态路系统”已于 2014 年 7 月建成并通过验收，并获得江苏省优秀设计一等奖（2016）。

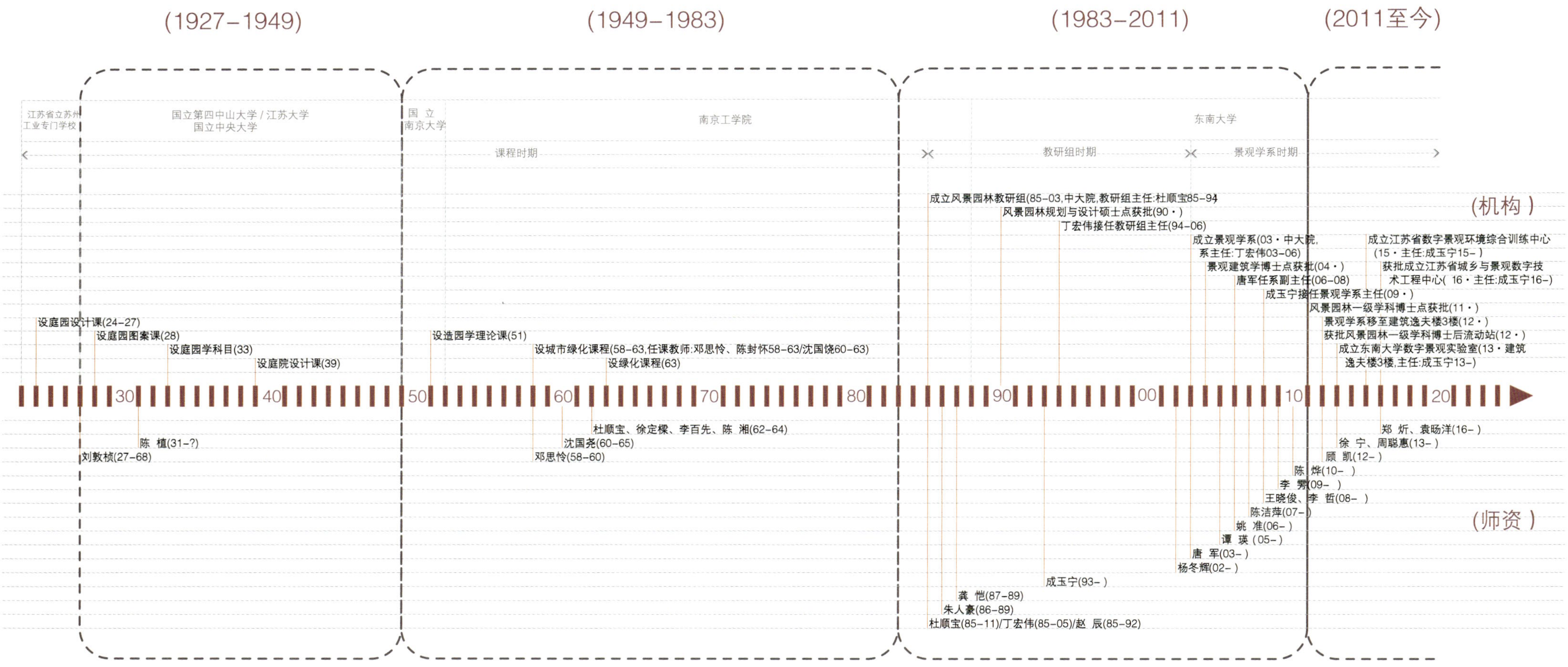

景观学系·建制发展示意图

(注：表内时间指标 00 指 2000 年；之前的指标，如 27–68，指 1927–1968 年；之后的指标，如 03–06，指 2003–2006 年；跨于两边的，如 94–06，指 1994–2006 年。)

建筑历史与理论研究所学科发展简介

在中国，建筑历史学科对于建筑学院及其相关学科的发展，有着相当重要的地位和作用。第一，构成学科的知识积累和组成，离不开第一代学者诸如梁思成和刘敦桢先生对于“营造学社”的重要贡献；第二，学科发展过程中的人才培养和知识体系形成，也立足于中国的土壤而对建筑历史学科倚重较多。在东南大学，建筑历史学科不仅历史悠久、人才辈出，而且在发展过程中促进了园林景观学科的产生、遗产保护专业的诞生、建筑教学中对建筑设计和建筑技术的互动和辐射以及和规划学科等长期科研合作产生的影响等。2002 年，东南大学建筑历史学科成为国家重点二级学科，为同类国内唯一，既表明在全国的领先地位和对其长期积累形成的重要影响的认可，也在后来相当长的时间内发挥着领衔作用，推动着相关学科的发展。2011 年，建筑学、风景园林、城乡规划三个一级学科并列，相关历史与理论及其遗产保护渗透到三个一级学科中，成为支撑三个一级学科的重要基础和发展方向。

1923~1949

建筑历史方面的教学和研究对于后来建筑学科建置和发展的作用，由来已久。1923 年苏州工专成立建筑科、1927 年成立第四中山大学建筑科、1928 年改名为中央大学而延续的建筑系，均开设“营造法”和“建筑史”。如果说“建筑史”作为衔接当时国际上建筑学教育的必修课，那么“营造法”则体现出对于中国本土传统建筑营造的重视和传承。这种双重性奠定了东南大学建筑历史学科发展的基础和走向，也是重要的特色。1949 年新中国成立伊始到 1951 年，增开“中国建筑史”与“西方建筑史”课程，可以视为这种双重并置发展的结果。

与其他院校及其他学科有所不同，在学院初创阶段，历史学科乃应运而生。1929~1945 年，刘敦桢、杨廷宝参加中国营造学社，调研、测绘、考察和著述中国建筑史与遗产保护专题，尤其刘敦桢任中国营造学社文献部主任和梁思成先生任法式部主任，对于建筑历史学科直接形成奠基作用。表现在：定位高远，于世界大同下作中国建筑和文化的系统研究；特色独具，将建筑历史研究和文物保护及营造传承视为一体，并形成后来中国建筑历史学科兼任遗产保护的特殊学科特点；建构科学，通过实物文献互证的严格论证，建立中国古代建筑历代特点的基本标尺与实物的谱系；视野开阔，在研究范围上除了木构建筑外，也发掘不同建筑材料的营造特点，丰满了中国古代的建筑体系；史学取向，从官式到民间、从中原到边缘进行拓展研究，在新中国成立后至 20 世纪 80~90 年代的建筑设计对传统的取向上，产生深远影响，薪火相传。

在对江南建筑的研究上，由教学而研究的姚承祖原著、张至刚（镛森）增编、刘敦桢校阅的《营造法原》整理工作于1946年全面展开；童寯先生于1931年利用业余时间开展江南园林的考察、记录和研究，1937年完成《江南园林志》并交营造学社准备刊行。从而使得对于地方建筑和园林的研究上，东南独步一代。

1950~1983

新中国成立之初的1952年，全国高校院系调整，成立“南京工学院”，建筑系成立建筑历史教研组，全面开展建筑史教学，1964年在南京工学院召开全国有关高校修订建筑史课程教学大纲会议，修订了中国和外国建筑史教学大纲，奠定了建筑史教学在全国的领衔地位。1954年建筑系首招4名研究生，刘敦桢为导师，均为中国建筑史方向。同年刘敦桢当选为中国科学院技术科学部委员。

1953年，经建工部批准，与华东建筑设计公司合作，在南京工学院成立“中国建筑研究室”，刘敦桢任主任，这是新中国成立后第一个研究中国建筑的学术机构，既继承了营造学社的学术传统，又开创了新的篇章。1954年，研究室结束和华东建筑设计公司的合作关系，转与北京的“建筑工程部建筑技术研究所”（后更名为建筑工程部建筑科学研究院）继续合办“中国建筑研究室”，在南京工学院设立“南京分室”，直至1965年1月解散。这12年间，“中国建筑研究室”成绩斐然，突出成就为：全面开展民居和地方建筑调查与研究，1957年出版《中国住宅概说》；1953年开始调查、1960年完成《苏州古典园林》；1953年编辑《中国建筑史参考图集》；1954年测绘孔庙；1958年编纂“三史”，1964年完成《中国古代建筑史》（八稿）；1959年《营造法原》出版；1959年刘敦桢出访印度并归国后开讲“印度建筑史”；1960~1966刘敦桢主持整修南京瞻园等。

在“中国建筑研究室”即将撤销之际，1964年成立了南京工学院“建筑研究室”，杨廷宝任主任，刘敦桢和童寯任副主任，三杰在建筑学科发展上拟展宏图，惜文革来临，于1966年解散。此前1963年童寯《江南园林志》出版。

这种教学和科研并重、教研组和研究室并置的格局，贯穿历史学科发展的整个进程，也构成建筑历史学科发展独特和成就卓著的基础。1977年恢复高考以后，这样的格局在延续。

在教学和人才培养上，1978年潘谷西任历史教研室主任，开始主持编写全国高等学校统编教材《中国建筑史》，1982年第一版出版，至今已经持续修编七版，发行60万册，对全国的中国建筑史教学发挥了重要作用。1979年恢复研究生招生，童寯、潘谷西、刘先觉先后在理论、中建史、外建史方向招生。1981年建筑历史与理论成为全国第一批博士点，同年潘谷西等携学生作业访问爱知工业大学、刘先觉任美国耶鲁大学访问学者进行交流，开拓了对外交流的渠道；1981年后重启和接续江南园林和曲阜孔庙的测绘教学与科研工作。

1979年是建筑历史学科科研的丰收年：成立南京工学院“建筑研究所”，杨廷宝任所长，童寯和齐康任副所长，刘叙杰调入研究所；郭湖生担任第一副主任编审的《中国古代建筑技术史》投入工作，出版后于1985年获中国科学院科技进步二等奖；刘敦桢主编的《苏州古典园林》出版并获全国科学大会奖，1981年又获国家科技进步一等奖；刘敦桢主编的《中国古代建筑史》出版；潘谷西和刘先觉合编《江南园林录庭院》内部出版发行。

由于历史学科在园林研究方面的长期积累以及20世纪80年代初对国家需求的前瞻，潘谷西提出要建设风景园林专业，经过一段时期酝酿，于1985年成立建筑系风景园林教研室，室主任由杜顺宝担任，潘谷西培养的几名留校任教年轻老师加盟，1986~1989年招收了风景园林专业本科生，这是由建筑历史衍生的一个专业。

另一个由历史学科生长出来的是和国家文物局合作创办的古建筑保护干部专修班，由朱光亚担纲负责，龚恺也负责过一段，1987~1991年招生4期，培养专业人才51人，后来多为全国各地古建筑遗产保护领域的业务骨干和专家。

20世纪80年代后半段也是办学开放、交流丰富的时期。1986年秋陈薇、朱光亚、金允铨协助温秀承担第一届加拿大渥太华卡尔顿大学举办短学期文化交流课程；1987年夏陈薇和1988年夏王巧珍分别担任新疆乌鲁木齐工学院第一届学生的中、外建筑史课程；1987年郭湖生援办厦门大学建筑系；潘谷西招收建筑历史与理论方向第一位博士研究生；刘先觉1987年被聘为ETH客座教授、1988年被聘为意大利国际城市设计研究中心研究员。

1987~1989朱光亚任历史教研室主任，1990~1994陈薇任历史教研室主任。自1978~1994年间，是历史学科只有教研室没有研究室的阶段，1994年9月，成立"建筑理论历史与园林研究所"，潘谷西任所长，刘先觉和朱光亚任副所长，朱光亚同时任历史教研室主任，复形成教学和科研两套体制的格局，加上建筑研究所的历史与理论的研究人员，稳定形成如下4个梯队，使2002年建筑历史学科成为国家重点二级学科并持续发展。

中国建筑史：以潘谷西为代表，包含刘叙杰、陈薇、诸葛净等。代表性著作有：刘叙杰《中国古代建筑史 原始社会～秦汉建筑》，潘谷西《中国古代建筑史 元明建筑》，潘谷西《曲阜孔庙建筑》，潘谷西《中国美术全集 园林建筑》，陈薇《中国美术分类全集 中国建筑艺术全集 私家园林》，潘谷西《江南理景艺术》，刘叙杰和潘谷西等《中国古代建筑》(中英文双语)，潘谷西和何建中《营造法式解读》，刘叙杰整理《刘敦桢全集》，东南大学建筑学院《纪念刘敦桢诞辰110周年纪念文集》。代表性教学成果有：潘谷西《中国建筑史》教材获建设部优秀教材一等奖，陈薇主持"中国建筑史"教学获国家精品课程，恢复古建筑测绘并参与系列出版，陈薇多次赴日本、澳大利亚、新加坡、中国香港教学及被邀至清华大学和北京大学任教，潘谷西获中国建筑学会"建筑教育特别奖"，陈薇获宝钢优秀教师奖，陈薇指导的硕士学位论文获省优秀论文2篇等。此外，齐康、陈薇、刘叙杰参加贝聿铭设计苏州博物馆的咨询工作多次，彰显了东南的学术水平和理论与实践结合的能力。

外国建筑史及其理论：以刘先觉为代表，包含周琦、葛明、汪晓茜等。代表性著作有：刘先觉《中国近代建筑总览 南京篇》，刘先觉《密斯·凡·德·罗》，刘先觉《现代建筑理论》，刘先觉译《现代建筑》，刘先觉《建筑艺术世界》，刘先觉《中国近现代建筑艺术》，刘先觉《澳门建筑文化遗产》，刘先觉等译《世界新建筑撷英》，刘先觉和李谷《新加坡佛教建筑艺术》，刘先觉等译《世界室内设计史》，刘先觉《江苏近代建筑》，刘先觉《生态建筑学》等。代表性教学成果有：刘先觉被评为江苏省优秀研究生导师，刘先觉和武云霞《历史 建筑 历史——外国古代建筑史简编》，刘先觉《现代建筑理论》

被推荐为首批研究生教材，课程被评为江苏省研究生创新工程优秀研究生课程，葛明指导“概念设计”获中国国际建筑艺术双年展唯一特别奖，刘先觉获建筑教育终身成就奖，创立世界建筑史教学国际研讨会系列会议等。

东亚建筑史：以郭湖生为代表，包含张十庆、白颖等。自20世纪90年代郭湖生培养博士生开展东亚建筑研究，接续了刘敦桢开展亚洲建筑研究的构想。代表性工作有：郭湖生《中华古都》，2000年在深圳召开第一届国际东亚建筑文化研讨会，继而第三届复由东南大学主办，张十庆被聘为“长江学者奖励计划”特聘岗，张十庆出版和日本相关的木构与园林研究专著等。

遗产保护：以朱光亚为代表，包含胡石、李新建等。代表性工作有：朱光亚创办东南大学建筑设计研究院遗产所，朱光亚获宝钢优秀教师奖，在建筑学专业下设建筑遗产保护专业并招收本科生，朱光亚指导的硕士学位论文获省优秀论文1篇，朱光亚、胡石、李新建多次工程项目获部省级奖，朱光亚应邀参与贝聿铭的苏州博物馆和吴良镛的江宁织造博物馆的设计工作等。

这个时段，历史学科通过国家自然科学基金委资助完成的项目多达10余项，在全国相关学科中首屈一指，研究范围涉及建筑通史、长江和运河的沿线建筑和城市与景观研究、工艺工匠和材料研究、中日韩的建筑文化关联性研究等，拓展和深化了前辈的研究领域。同时，在全国相关领域教授们担纲重任，引领学科发展，发挥着重要作用。

2011~2017

周琦自2005~2014年任所长十年，2015年陈薇接任所长，李华和沈旸任副所长。这个阶段经历长辈退休、年轻教师成长的过程，也是学科梯队断裂和重组的过程；另一方面，随着中国的政治经济文化在国际上的地位提高，平等交流与理论探索成为重要工作；再则，三个一级学科的形成与建设冲击着传统的历史学科，在建筑学、风景园林、城乡规划下分设历史与遗产保护方向，也割裂了建筑历史学科固有的学术内涵，如何重组与建设需要重新思考。

在学科建设方面，提携和培养年轻教师为工作重点之一，加之加盟的教师自身努力，获得国家自然科学基金资助项目的先后有：白颖、李新建、汪晓茜、沈旸、贾亭立、李华，比例甚高。诸葛净等完成的世界银行项目《山西古村镇保护利用与减贫方略研究——古村镇建筑测绘与规划设计导则》，发挥了社会效益。

在梯队建设方面，加强了建筑理论研究力量，由李华和王为担纲日常工作；陈薇、朱光亚、李华参与了程泰宁院士主持的中国工程院咨询项目《中国当代建筑设计现状与发展研究》；加强了中外建筑史教学的通融及理论研究，出版有陈薇和意大利学者噶佐拉合作的《南京城墙与罗马城墙比较》（中英文）；举办AS会议探讨当代建筑理论及其本源问题4届并由李华和葛明执行主编《建筑研究》2卷（中英文）；成立亚洲研究中心和AS建筑理论研究中心等，拓展了研究内容和国际学术交流。

面对3个一级学科对于历史与遗产保护的需求，特别加强了平台共享和合作研究的机制，通过建设“城市与遗产保护教育部重点实验室”（东南大学）和“传统木构建筑营造技艺研究国家文物局重点科研基地”（东南大学）以及合作开展科研，弥补历史学科日趋分野的状态，在大运河研究与申遗的保护规划中、在承担国家科技部“十一五”、“十二五”传统建筑工艺传承和科学研究中、在金陵大报恩寺遗址公园的规划设计与建设中、在人民日报大楼的设计中、在进行软科学研究中、在合作开展预防性保护研究和工作中，都充分体现出跨学科、跨专业、跨时代、跨国界的研究思路和工作走向。

如果说，第一阶段以刘敦桢为代表“以一当十”奠基学科，第二阶段刘敦桢、杨廷宝、童寯三驾马车“并驾齐驱”拓展学科，第三阶段则为潘谷西、郭湖生、刘先觉、朱光亚建立“四个梯队”丰富学科，那么，第四阶段东南大学建筑历史学科何去何从？继续分流还是整合出力？应该不言而喻，就是走向“合”的历史学科。目前形成新的四个方向：建筑历史、建筑理论、亚洲建筑、遗产保护，这是召唤，也是必然。

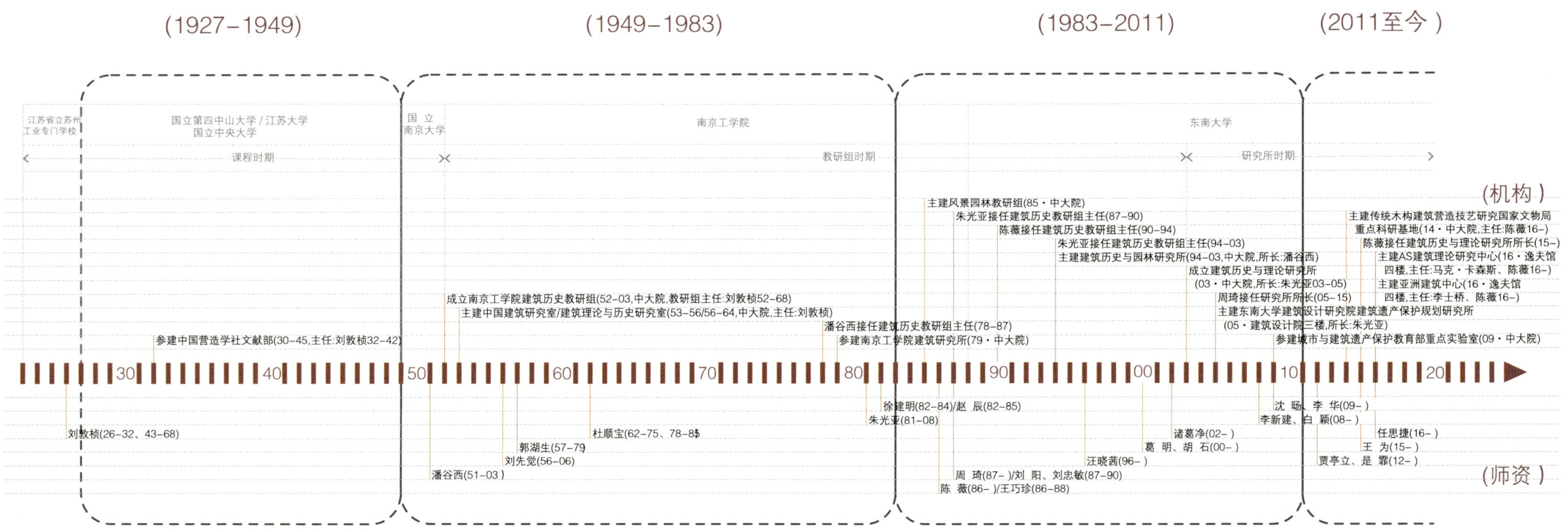

建筑历史与理论研究所・建制发展示意图

（注：表内时间指标 00 指 2000 年；之前的指标，如 26–32，指 1926–1932 年；之后的指标，如 05–15，指 2005–2015 年；跨于两边的，如 94–03，指 1994–2003 年。）

建筑技术与科学研究所学科发展简介

建筑技术科学是建筑学变化发展和革故鼎新的动力源之一。东南大学建筑学院建筑技术科学学科与中国高等建筑教育历史同步发展，其90年的风雨历程，是一部从无到有、从小到大和自强不息的发展史册。它记载了东南大学建筑学科有关教学及科研活动的历程，并在一定程度上反映出中国建筑学高等建筑教育的发展状况。

萌芽期（1927~1952）

东南大学建筑学科之起源，最初应可追溯至清末民初苏州工业专门学校。该校成立于民国元年（公元1912年），系由清光绪三十四年（公元1907年）创办的官立中等工业学堂和苏省铁路学堂组合而成，初名江苏省立第二工业学校，民国十二年（公元1923年）定名为江苏省立苏州工业专门学校（其校门上的名称曾略去“专门”二字）。其建筑科于民国十年（公元1921年）由柳士英等开始筹办，至1923年9月正式成立，建筑技术科学学科奠基人之一刘敦桢自1925年起即执教于此。

民国十六年（公元1927年），民国政府中央教育行政委员会颁令试行“大学区制”。江苏省以原国立东南大学为基础，联合省内苏州工业专门学校、南京工业专门学校、河海工科大学、上海商科大学、江苏法政大学、江苏医科大学、南京农业学校以及上海商业专门学校等八所专科以上学校，合并组建国立第四中山大学，统管全省教育。其工学院设置了中国高等院校第一个“建筑工程科”。1928年该校更名为国立中央大学。

1927年10月16日，国立第四中山大学工学院院长周仁赴苏州，全面接收苏州工业专门学校，该校全部校产正式移交“四中大”工学院。刘敦桢即于此时随“苏工”迁至“四中大”任建筑工程科讲师。“苏工”建筑科在校生张镛森亦随之并入“四中大”工学院继续学习。至此，东南大学建筑技术科学学科一位重要的奠基人（刘敦桢）和一位重要的创始人（张镛森）皆已到达南京的这所学校，开始从事有关教学和科研活动。

1927~1937年抗战爆发之前，随着刘福泰、贝季眉、卢树森、虞炳烈、谭垣、朱神康、鲍鼎、李祖鸿和刘既漂等学者先后加入该系（科）执教，中央大学建筑学科的学术团队初具雏形。1937年抗战全面爆发以后，建筑工程系随中央大学内迁重庆，之后度过了苦撑危局并重获繁荣兴旺的“沙坪坝时期”，前后历时九年。这期间，杨廷宝、童寯、陆谦受和李惠伯陆续来系兼课，其中前两位与东南大学建筑学科自此结下深厚渊源，亦成为其建筑技术科学学科的主要奠基人。1946年建筑工程系又随中央大学复员南京，经历 1949 年中华人民共和国的建立之后，直至 1952 年全国高等院校“院系调整”之前，东南大学建筑技术科学学科皆处于萌芽时期——教师们根据自己的兴趣，已在营造与设计技术、古建筑修复科学与技术以及建筑性能与环境三个方面做出了一些至关重要的开拓性工作，已在国内高等建筑教育界同侪中占获先机。

“院系调整”之前的 25 年，东南大学建筑学科的教师数量总体呈缓慢增长之势。但受国家政治、经济大局等影响，人员进出、更替频繁，尚未出现教研组之设。因此，这一时期的建制演进主要表现为学术团队组成与规模随着核心人物的去留而不断变化并缓慢生长——1927 年刘敦桢带领青年学生自苏州工专加盟“四中大”建筑工程科，刘敦桢、卢树森、贝季眉三人教授构造材料、中国营造法、测量等建筑技术类课程，1931 年张镛森留系教授建筑技术类课程，1931~1933 年陈裕华和鲍鼎相继来系教授技术类课程。这些学者都为处于萌芽期的东南大学建筑技术科学学科的酝酿与孕育发挥过重要作用。

由于杨廷宝、童寯和刘敦桢三人自身皆具有开阔的学术视野，在东南大学建筑学科建立和早期发展过程中发挥过特殊的历史作用，具有无可争辩的学术地位，则建筑技术科学、建筑历史与理论以及建筑设计及其理论三个二级学科（方向）自然存在“三江同源”现象。

初创期（1952~1983）

随着 1949 年中华人民共和国的建立，原国立中央大学改称为国立南京大学。1952 年“院系调整”，又以原中央大学工学院为主体组建南京工学院，下设建筑工程系。随即开始全面学苏联，南京工学院建筑工程系成立教研组、制定系统的教学计划、布局科研方向、组建学术梯队并筹建科研平台，东南大学建筑学科的发展进入了一个新的历史时期，即真正意义上的初创时期。这一时期上接 1952 年“院系调整”、成立教研组，下迄 1983 年国务院学位委员会颁布《高等学校和科研机构授予博士和硕士学位的学科、专业目录（试行草案）》——在国家层面作出了关于学科门类划分的顶层设计，前后历时 31 年。如果进一步细分，这 31 年又可以大致划分为三个阶段：14 年创立和快速成长（1952~1966）；10 年内乱停滞（1966~1976）；7 年继续发展（1976~1983）。

1956 年 9 月，南京工学院建筑系下设教研组由 3 个发展为 5 个：民用建筑与城市规划、工业建筑、建筑历史、建筑技术以及美术。由原营造教研组改称建筑技术教研组，1957 年首次开设了《建筑物理》课程，并开始筹办建筑物理实验室，至 1962 年又新成立了建筑物理教研组。这一时期，在建筑构造、建筑工业化和建筑结构教学与工程实践等方面呈现出中国建筑营造学的惯性特征。

1976~1983 年这一阶段，各项工作重新走上正轨。1977 年恢复高考，教学、科研重新提上议事日程，之后恢复招收研究生。全国统编教材《建筑构造》正式出版和建筑物理实验室的全面建成是这一时期的标志性成果。

从 1952~1983 年这 31 年期间，张镛森是南京工学院建筑技术科学方向的学术带头人，负责组织教学与研究架构、开设新课、开展教改、编写教材、建立科研平台等，发挥了关键作用。骨干教师主要包括建筑构造方面的张镛森、姚自君、蔡冠丽和唐厚炽等；建筑物理方面的甘柽、柳孝图和甄开源等；建筑结构方面的陆雷、薛永骙和虞季森等。其中部分学者陆续成为国内有关学术组织的主要成员、担任重要学术兼职，在国内相关领域形成积极影响。

在教材建设方面，1961 年 3 月建工部成立建筑学教材编审委员会，杨廷宝任主任委员，刘敦桢、张镛森任委员，确定由我系主编《中国建筑史》等 7 本教材。其中张镛森主持编写《建筑构造》讲义（分六分册印刷）。继而高等学校试用教科书《建筑构造》第一、二册于 1961 年由中国建筑工业出版社出版。在此基础之上，1979 年由南京工学院主编（张镛森主持、姚自君负责）、同济大学傅信祁主审的全国统编《建筑构造》教材第一册由中国建筑工业出版社正式出版，1982 年又出版了第二册，并于 1987 年获中华人民共和国城乡建设环境保护部优秀教材三等奖。这是国内首例全国统编建筑构造教材，其编写集中了当时南京工学院建筑系、设计院和研究所几乎所有教师的力量，前后历时近二十年。由于视野开阔，立足高远且紧跟了当时国家建设实践需求，具有很强的现实针对性，因而在国内建筑教育界形成了开拓者的地位。此外，1982 年唐厚炽参编全国统编教材《房屋建筑学》也正式出版。

1952~1983 年南京工学院建筑技术科学方向的科研工作真正进入了全面起步阶段，不仅布局科研方向、组建学术梯队、筹建科研平台，而且参与各种学术组织，在国内学术界形成了积极的影响。从 1950 年代中后期开始，建筑技术科学方向的科研线索逐步明确分化，中国传统民居建筑构造、预制装配式住宅和建筑工业化以及建筑物理环境是三个主要的研究方向。

在筹建科研平台方面，1956~1957 年前后，唐厚炽等协助张镛森建立建筑系建筑材料样品和建筑模型陈列室，作为教研室建筑材料样品和模型展示用，有力地配合了建筑设计和技术类课程的教学与研究。1963 年和 1973 年，用当时极为紧缺的外汇，采购了丹麦产建筑声学仪器。“文革”之前即开始筹备建筑物理实验室，直至 1981 年中大院扩建时终于正式建成，含混响室、隔声室、半消声室、管道消声实验装置、驻波管实验装置、日照棒影图实验装置以及建筑热工用热箱装置等，另有 2.2m 直径天体模型供光学实验用。实验室空间由教师自己设计、自己组织监工，建成以后承担过大量研究工作，是江苏省相关测试的主要基地之一。

成长期（1983~2011）

1983 年国务院学位委员会颁布《高等学校和科研机构授予博士和硕士学位的学科、专业目录（试行草案）》，建筑技术科学成为工学门类建筑学一级学科下设的专门性的二级学科，它标志着各学科的建设与发展从此走上有官方依据可循的轨道。之后的 1990、1997、2001 三版学科、专业目录皆有“建筑技术科学”二级学科之设。

改革开放以后，东南大学建筑技术科学方向进入了相对稳定的快速成长期。在建制方面，这一时期建筑技术和建筑物理两个教研组长期并存协作；在人员组成结构方面，出现了一次新老交替的高峰期，一批新人加入了教师队伍，他们接过前辈留下的遗产，逐步挑起教学和科研工作的大梁。2010 年东南大学建筑学院原建筑技术教研组和建筑物理教研组合并，成立“建筑科学技术系”。

在教学方面逐渐转型为面向国家、社会和市场需求，招生规模不断扩大，学生层次也不断升级，构建了本科、硕士、博士学位三个层次的培养体系。在科研方面，梯队建设进一步加强，开始申报与主持国家、省部级纵向科研课题，参编设计资料集，编制相应技术标准与设计规范，发表高水平学术论文，出版专著、申报发明专利并屡屡科研、教学获奖，担任全国和省学术组织负责人，扩大国内与国际影响等。在建构与设计技术、建筑性能与环境以及建筑遗产保护科学与技术三个方面，在建筑声学与城市物理环境、建筑构造与新材料 / 新技术、建筑结构设计引领建筑创新、绿色建筑与建筑节能、建筑工业化与装配式建筑、既有建筑综合改造关键技术、文物建筑材料性能劣化、中国近现代建筑技术史等科研线索上逐步积累成果。

在建筑学本科专业教育稳步发展的背景下，研究型教学的进展突出体现在硕士和博士研究生培养方面。1983 年建筑技术科学方向招收了首批硕士研究生，之后一直在拓宽口径和发展规模，至 1994 又开始招收首批博士研究生，2005 年首次招收建筑性能和环境方向外籍博士研究生。这十多年期间的研究生教学研究方向主要分布于构造、建构与设计技术、建筑性能与环境两个方面，至 2010 年前后进一步向遗产保护科学与技术方面拓展，研究方向走向系统化。

这一时期，教材建设也是硕果累累：1990 年柳孝图主编全国统编教材《建筑物理》由中国建筑工业出版社出版，并于 1995 年获建设部优秀教材一等奖；1990 年虞季森主编教材《中大跨建筑结构体系及选型》和《建筑力学》由中国建筑工业出版社出版；1990 年薛永骙主编教材《砖混结构》由东南大学出版社出版，并自编《中国古建筑结构与仿古结构》讲义；2005 年杨维菊主编普通高等教育“十五”国家级规划教材《建筑构造设计》由中国建筑工业出版社出版；2010 年傅秀章、柳孝图编著的《建筑物理》（电子出版物）由中国建筑工业出版社出版，为国内首例正式出版的建筑物理课件。

在建设科研平台建设方面，2010 年建成大型动态环境试验仓实验平台并投入使用。

转型期（2011~2017）

2011 年国务院学位委员会、教育部公布新的《学位授予和人才培养学科目录（2011 年）》，城乡规划、风景园林独立为一级学科，建筑学一级学科下设建筑技术科学方向。从此，建筑技术科学开始了支撑三个一级学科建设的新时期。这一时期，住房需求、养老产业等民生问题以及大气污染、水污染等环境问题所造成的社会影响越来越显著。建设美好人居环境、新型城镇化、城乡建设可持续发展的愿望和诉求日益迫切，这些都对建筑学科尤其是建筑技术科学方向究竟如何发展提出了新的要求。另一方面，近年来建设国际一流研究型大学的任务逐渐提上议事日程，国内一流高校和科研机构的相关学科、专业面临巨大的发展压力。

在外部发展和内生需求双向促动之下，上一时期后半截既已初现端倪的学科转型工作终于全面启动。顺应东南大学建筑学院各项事业发展大势，快速扩充师资队伍，整合、调整原有建制和架构，加强学科整合建设，明晰新的发展战略和发展目标，探索新的人才培养模式，开拓新的学科发展方向就成为当务之急——东南大学建筑学院建筑技术科学学科开始了由经典建筑学向新型建筑学转型。为顺应国家可持续发展战略，培养高层次、复合型建筑技术科学人才，2015 年原建筑科学技术系改为建筑技术与科学研究所。

在教学上，这期间结合新研究方向开设多门新的本科与研究生课程，并推进了国际合作教学，开展本硕博联动、校企合作的立体式教学改革，探索一种结合科研型设计实践的人才培养模式；在科研上，除继续申报与主持国家、省部级纵向科研课题、编制相应技术标准与设计规范、发表高水平学术论文、出版专著、申报获得大量的发明专利和软件著作权，并在纵向和横向科研上获重要的奖项。骨干教师担任全国和省学术组织负责人，并参加和承办重要学术会议、扩大国内与国际影响等。突出的是，骨干教师群主持了多项国家科技支撑计划、国家自然科学基金和国家社会科学基金，并且组织了相应的示范工程设计实践，在科研项目等级、科研经费规模上实现了新的跨越；在建造与设计技术、建筑性能与环境以及建筑遗产保护科学与技术三个方面，在城乡物理环境研究与测试、建筑结构设计引领建筑创新、绿色建筑与建筑节能、新型建筑工业化与装配式建筑、既有建筑综合改造关键技术、文物建筑材料性能劣化、中国近现代建筑技术史等科研线索上形成了一批标志性成果。

建筑技术科学方向由于教师的专业门类比较齐全，很自然地主动开展跨专业方向的教学研究，有意识地将本科生、硕士研究生和博士研究生的培养方式加以横向打通、纵向关联和必要的项目整合，并结合校企合作，在教学方法上，强调理论学习 + 案例分析 + 建造体验，逐步摸索出一种跨学科 / 专业方向、跨学位 / 学历种类的立体式教学改革方向，和一种结合科研型设计实践的人才培养模式。

2012 建造设计类毕业设计课题《零能耗太阳能房建造与设计》实验房在四牌楼校区的顺利建成。最终在两周时间内于校园中完成了实验房的建造，并在该空间中进行了毕业设计答辩，形成了较大社会反响，该教学团队获江苏省优秀毕业设计指导团队奖。紧接着，2013 年 6 月，建筑技术学科教师团队指导的建造设计类毕业设计课题《零能耗“微排未来屋”》顺利完成，并在东南大学四牌楼校区建成，中国新闻网、网易、人民网、21CN 新闻网等国内多家门户网站进行了相关报道，在业内和社会上引起强烈反响。这期间的教学工作的重要进展还有：2011 国外专家首开全英文《高级建筑物理》课程；2012 首次招收建造与设计方向外籍博士研究生；2016 国外专家开设《建筑环境学前沿》课程；2015 首次由博士生发表 SCI 检索论文。

在骨干教师参加重要学术组织活动和学术兼职方面，2012 石邢担任《Frontiers of Architectural Research》全英文学术刊物副主编，负责刊物的日常工作；2012 彭昌海被 Energy and Buildings 评为年度最佳审稿人。

在科研平台建设方面：2012 成立东南大学绿色建筑研究所，杨维菊任所长；2013 成立东南大学工业化住宅与建筑工业研究所，张宏任所长；2015 成立东南大学 BIM 技术研究所，张宏任所长。由于科研和教学内容拓展为新型建筑学构架，成果参加了重要展览和被中央媒体宣传：建筑技术科学团队的新型建筑工业化技术及其房屋产品，2013~2016 连续参展江苏国际绿色建筑博览会；2016 年 6 月建筑技术科学团队的保障性住房新型建筑工业化建造技术成果参展“十二五”国家科技创新成就展，取得各界广泛的好评，新型建筑工业化科技创新成果在中央电视台十频道

"科技之光"专门报道。

综上所述，东南大学建筑学院建筑技术科学学科 90 年的发展，经历了从经典建筑学向新型建筑学转变的历程。学科知识结构特征和教学科研内容，由原初的建筑营造、古建筑修复、建筑性能初步走向建筑构造与建构、建筑性能与环境、古建筑保护与再利用，最终转型升级为建筑建造、建筑性能与环境、建筑遗产保护科学与技术协同发展的新格局。培养支撑城乡建设在环境、经济和社会三方面可持续发展的新型建筑学人才，已成为东南大学建筑学院建筑技术科学学科新一轮发展的目标。而目标的实现必将推动我国建筑产业现代化转型升级，推进新型城镇化的发展，进而通过"一带一路"战略影响世界的可持续发展。

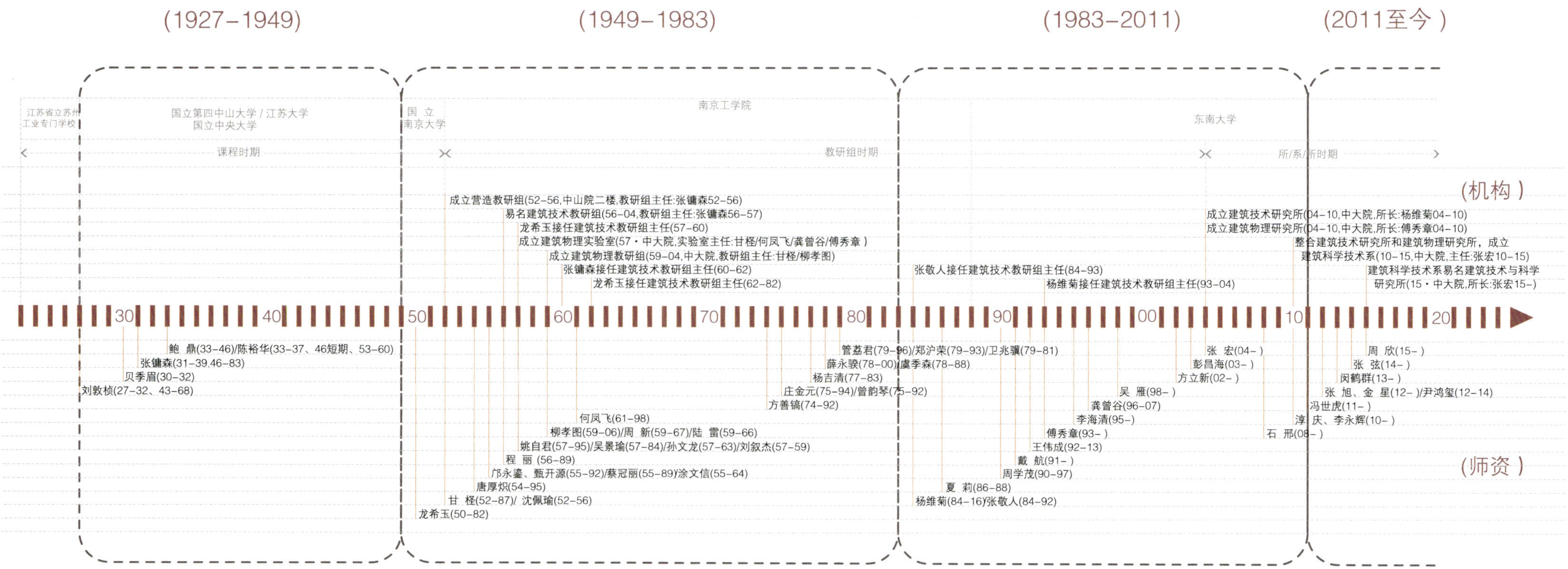

建筑技术与科学研究所・建制发展示意图

（注：表内时间指标 00 指 2000 年；之前的指标，如 31–39，46–83，指 1931–1939 年，1946–1983 年；之后的指标，如 04–10，指 2004–2010 年；跨于两边的，如 84–16，指 1984–2016 年。）

美术与设计研究所学科发展简介

从中西方建筑学科的建立与发展历史来看，美术学学科对建筑学专业的发展有着重要的作用。而中国建筑学学科的建立也是在设计、技术、艺术相结合的基础上发展壮大的。

作为中国建筑美术教育的开拓者与探索者，李剑晨先生不仅精于中西绘画创作，而且对水彩画在中国的普及和提高，中国建筑美术教育体系的建构作出了重要贡献。因此，东南大学建筑学院的学科发展与人才培养，以及美术学学科的建立，离不开以李剑晨先生为首的老一辈教师们的贡献。

1923~1951

1941 年李剑晨（李汝骅）先生赴中央大学建筑系任教美术，中央大学建筑系在我国现代建筑教育中率先设立了专门美术基础教育，初创阶段的美术课成为建筑学教育的基础必修课，借鉴了西方写实主义绘画的教学模式，开设了素描、速画、水彩、中西方美术史等课程，通过绘画训练培养学生的造型能力，促进学生艺术修养的提高。

1952~1983

1955 年成立了南京工学院建筑系美术组，师资队伍不断壮大，在李剑晨先生的带领下，美术组丁传经、金允铨等教师全面开展了美术教学研究、交流与教材编写工作。1958 年李剑晨先生编写出版了《水彩画技法》一书，在国内美术界产生了重大影响。1961 年由中国建筑工业出版社出版，美术教研室集体编写的《素描》、《水彩》教材，成为当时全国建筑院校第一本美术教材，奠定了美术学学科在全国建筑院校中的领衔地位。1978 年南京工学院电教中心制作发行的《李剑晨水彩画技法》教学录像，以及李剑晨、崔豫章水彩作品观摩幻灯片，金允铨硬笔书法、绘画幻灯片，对全国建筑院校的美术教学产生了广泛的影响。

美术教研组积极开展学术交流活动，先后与清华大学等高校美术教师进行教学交流，吸取其他高校的教学经验。1956 年，首次全国建筑系美术教学座谈会在南京工学院建筑系召开。在全国建筑院校首创了水彩实习课程。开设了中国画、中西方美术史、色彩构成、艺术概论、国内外名画欣赏等选修课。同时美术教研室部分教师还为来自美国、法国、瑞士等高校的学生开设了中国书法、中国画课程，为建筑系对外交流做出了贡献。

1984~2010

1986 年美术教研组更名为美术教研室。2002 年在原有美术教研室的基础上成立了环境艺术设计系。1986 年美术学硕士学位点申报成功，成为当时全国高等建筑院校唯一获得美术学硕士点单位。2003 年全国高等院校建筑学学科专业指导委员会美术教学工作委员会（原中国建筑学会建筑美术专业委员会，挂靠东南大学建筑学院）正式成立，金允铨教授任首任主任委员。标志着此阶段，以李剑晨教授、金允铨教授为代表，包括丁传经、高祥生、赵军、赵思毅等教师组成了老中青学术梯队，其教学研究与艺术创作水平始终处于全国高等建筑院校领先地位。

2001 年李剑晨先生荣获中央宣传部颁发的“美术最高学术奖 ~ 中国美术金彩成就奖”，期间部分教师在社会组织中担任各种职务，李剑晨先生担任了国际水彩画联盟理事等职。崔豫章教授当选中国水彩画会副会长。金允铨教授担任了中国建筑学会建筑师分会建筑美术专业委员会主任委员。高祥生教授担任中国建设文化艺术协会环境艺术专业委员专家委员会委员、江苏省人民政府参事等职。赵军教授担任全国高等学校建筑学学科专业指导委员会美术教学工作委员会主任委员等职。赵思毅副教授担任中国建设文化艺术协会环境艺术专业委员理事等职。作为全国高等学校建筑学学科专业委员会美术教学工作委员会主任单位，金允铨教授、赵军教授领导主持了多届全国高等院校建筑与环境设计专业美术教学研讨会，以及全国高等院校建筑与环境设计专业学生美术作品大奖赛，对推动我国建筑美术教学改革发挥了重要作用。

1983~2010 年，丁传经、高祥生、赵军、赵思毅老师先后担任过美术教研室主任和环境艺术设计系主任。逐步引进一批毕业于美术院校与建筑院校设计专业的年轻人充实到教师队伍，拓宽了教师专业知识结构，对美术学科的建设与发展打下了良好的基础。

为了结合建筑学院改革的需要，2002 年成立了环境艺术设计系，艺术设计专业获得批准，共招收了首个全国高校五年制艺术设计专业本科生（共招收五届，2007 年艺术设计专业停招）。

在教学改革上进行了大胆的探索与实践，对美术课教学内容与教学方法进行了调整，通过和香港中文大学顾大庆教授的联合教学，学习借鉴他们先进的教学理念和方法；以继承、引进与创新为原则，建立了具有建筑学学科特点的视觉设计基础课程体系，美术基础课在解决学生基础造型能力的同时，突出强调学生的思维与创造力的训练。并通过短学期与法国、荷兰等国外高校教师的联合教学，使美术课教学改革思路与教学模式有了进一步的拓展。在艺术设计专业学生的培养上，立足国际交流平台，以艺术认知与形式分析的双轨制，教学内容的循序渐进，教学方法的科学性，教学形式的丰富性探索了自身的教学特点。

经过十几年的探索与实践，建筑学科美术课程的改革取得了优异的成果，1997 年赵军教授获国家级优秀教学改革成果二等奖（获奖者之一）。2001 年，曾琼等教师教授的《视觉设计基础课程》获校二等奖。高祥生教授任教的《室内设计概论》获江苏省省级优秀课程。一批本科生、研究生的美术作品与设计作品在全国性的竞赛中多次获奖。同时，高祥生、赵思毅、赵军、朱丹、张蕾、沈颖老师均多次荣获优秀指导教师奖。

2007 年高祥生教授首次招收建筑设计室内设计方向博士生，使美术学硕士研究生的培养有了向更高层次的拓展。美术学硕士点在人才培养上逐步由绘画型转向应用型，确定了公共艺术、应用美术两个培养方向。

在学术研究上取得了历史性的突破，共获得或参与国家及省级课题五项。其中：2004 年高祥生教授参与课题项目：社会科学国家研究课题“当代中国中产阶级社会态度研究”，2005 年完成江苏省社会科学基金重点项目“江苏发展道路与发展特色的现代发展理论思考”和 2003 年省级科技项目“未来居室环境的心理探要”。2009 年赵军教授获得国家社科全国教育科学规划“十一五”规划重点课题“中国与美国关于景观设计教育的分析研究”等课题项目。2010 年戴斐老师参与了“先秦艺术思想史研究”课题项目。

在横向课题研究上，多个设计项目在全国、省市级设计竞赛中获奖并中标得以实施。高祥生教授主持设计的多个项目在全国、省、市级大赛中获奖，并获得中国装饰协会等授予的多项荣誉称号。赵军教授主持设计的多个项目在全国、省级大赛中获奖并获多项荣誉称号，其中景观设计作品“南京 1865 创意产业园一期环境景观规划设计”项目入选第十一届全国美术作品展。赵思毅副教授主持设计的作品多次在全国、省、市竞赛中获奖，一些项目得以实施。曾琼副教授受江苏援藏办委托设计了西藏拉萨江苏路广场雕塑。赵思毅、沈颖、张蕾、朱丹等老师与学生设计的作品在国际竞赛中获奖。李剑晨、崔豫章、金允铨、方晓珊、赵军、邱军等教师多次举办个人画展，赵思毅、沈颖作品入选荷兰鹿特丹国际建筑双年展。

出版了一批专著、教材、画集、技法书、工具书；一些老师担任了多部教材、杂志的主编工作。其中金允铨教授任全国高等学校建筑学科环境艺术专业教材编委会主编，1995 金允铨教授任主编的《建筑美术丛书 · 水粉册》系列教材获得建设部优秀教材二等奖。高祥生教授出版了《建筑装饰装修制图标准》、《室内建筑师辞典》、《房屋建筑室内装饰装修制图标准实施指南》等多本专著。赵军教授出版了《建筑、风景水粉画研究分析》、《赵军画集》、《城市景观规划设计》等多本专著；并担任了全国高校建筑学与环境艺术设计专业美术系列教材编委会主任，同时任《筑 · 美》杂志主编。方晓珊副教授出版了《宽线条建筑素描》、《建筑水彩绘画技法》等专著。赵思毅副教授出版了《湿地概念与湿地公园设计》、《文人画与文人写意园林》、《室内光环境》等专著多本。曾琼副教授出版了《钢笔画技法》。

2011~2017

2014 年原环境艺术设计系更名为美术与设计研究所。曾琼老师任所长、沈颖老师任副所长。

2011~2016 年是建筑学院深化改革的时期，在学科建设上，除了承担建筑学院三个一级学科的美术基础教学任务外，还将室内设计研究作为建筑设计教学的拓展与延伸，探索一条美术学科跨学科、跨专业、学科交叉的研究思路与发展方向。

在研究生培养上，确定了建筑学院与艺术学院联合培养美术学硕士研究生方案，学科建设与学术研究方向得以扩展。

在学术研究上取得了丰硕的成果，2013 年高祥生教授主编了国家行业标准《住宅室内装饰装修设计规范》，为国家在装饰行业中的标准、规范的制定发挥了重要作用。2016 年赵军教授撰写的《水粉画基础》一书获“住房城乡建设部土建类学科专业十三五规划教材”，这是美术学科首次获得国家批准的规划教材。赵思毅、曾琼、朱丹、张蕾、沈颖、戴斐老师出版了《艺术·城市·公共空间》、《城市色彩规划》、《曾琼建筑画写生作品选》、《家具设计与陈设》、《马克笔技法》、《原生艺术手册》、《色彩构成》等多本专著。张蕾老师主持了城市与建筑遗产保护教育部重点实验室开放课题“传统建筑彩画在陈设设计中的美学评价与应用研究”项目。高祥生、赵军、赵思毅、朱丹、张蕾、沈颖老师的美术作品与设计作品多次参加国际、国内竞赛与展览并获奖。其中赵思毅老师《互为存在》系列作品与赵军老师两幅油画作品参加了2016威尼斯国际建筑双年展。

在横向科研上，2016年赵军教授作为负责人之一参与了“北京故宫文渊阁碑亭建筑彩绘复原初探”科研项目。沈颖、朱丹、张蕾三位教师参与了“南京市城市色彩控制导则”设计项目。

美术与设计研究所作为建筑学院三个一级学科基础教学的支撑学科之一，积极参与学院的发展改革，教师们利用自己的专业特长，参与到其他学科的科研中，拓展了美术学学科的研究内容，与其他学科交叉融合是未来的发展方向。

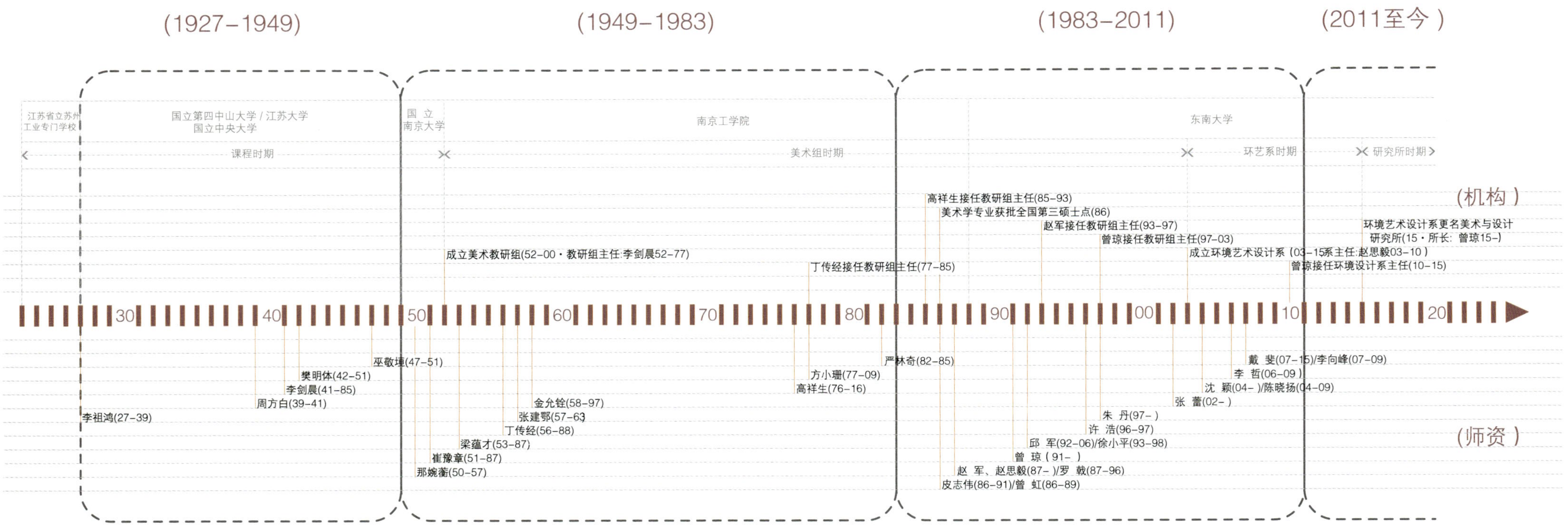

美术学学科・建制发展示意图

（注：表内时间指标 00 指 2000 年；之前的指标，如 41–85，指 1941–1985 年；之后的指标，如 10–15，指 2010–2015 年；跨于两边的，如 97–03，指 1997–2003 年。）

建筑运算与应用研究所学科发展简介

东南大学建筑学院数字技术教学与科研可追溯到 20 世纪 80 年代，中间经过一系列的调整和发展，始终在国内和国际保持一流水准。

1983 年，卫兆骥先生主持成立东南大学建筑系 CAAD（计算机辅助建筑设计）实验室，并担任实验室主任，时称 CAAD 实验室。实验室承担本科与研究生的计算机辅助建筑设计课程，并开始全面参与专业基础课教学。1987 年，“计算机辅助住宅方案设计系统（HSCAD）”项目立项，卫兆骥先生为项目负责人及承担主要开发工作，这在当时的国内甚至国际都是首屈一指的一流研究。也正因为 CAAD 实验室拥有如此高水平的跨学科研究，国家教委在 1990 年批准 CAAD 实验室为国家重点专业实验室，提供 40 万美元世行贷款引进设备。因其前瞻性及强大的技术水平，“计算机辅助住宅方案设计系统（HSCAD）”项目在 1991 年 10 月获“第二次全国工程设计计算机优秀软件二等奖（银质奖）”（建筑 CAD 软件无一等奖），在 1991 年 10 月荣获一九九零年度第二次全国工程设计计算机优秀软件二等奖，并获得 1992 年的“江苏省科学技术进步奖”。当时的 CAAD 实验室不论在学科研究深度还是研究平台建设方面都在国内达到了一流水平，甚至在国际上都保持了相当高的水准。

1993~2010 年，随着世界范围内计算机软硬件技术的飞速发展，CAAD 实验室也先后经历了赵辰、张雷、吉国华、童滋雨、董卫等教授先后主持和管理，不论在设计还是在研究方面都做了相应的调整，以便适应快速变化的社会环境。1999 年 1 月“城镇建筑环境规划设计理论与方法”获教育部颁发的二等奖励证书；2002 年 2 月卫兆骥先生参与的“现代建筑理论研究”获中国高校科学技术奖励委员会颁发的二等奖励证书。同时，在 2000 年，基于当时的 CAAD 国家专业实验室，学院与联合国教科文组织在城市空间研究及历史遗产保护等方面合作，由董卫、胡明星教授成立联合国教科文组织亚太地区技术网络服务的中国中心，开展与城市空间研究及历史遗产保护有关的专项和综合性培训。在此期间，CAAD 实验室还在 2007 年主办了 CAARDRIA 亚洲计算机辅助建筑设计协会国际年会和全国建筑数字技术委员会年会，并编辑和出版了高水平的全英文国际会议论文集。

2010 年，学院更名 CAAD 实验室，由李飚教授主持成立“建筑运算与应用实验室”，2014 年实验室升级为“建筑运算与应用研究所”。李飚担任建筑运算与应用实验室主任。由此，东南大学建筑学院数字技术发展也进入了一个新的发展期和机遇期。2016 年，建筑运算与应用研究所主办“建筑（Architecture）·运算（Algorithms）·应用（Applications）”为主题的国际会议和国际展览，是对过去六年相关研究探索的总结和回顾，也引起了与会的相关国际国内学者的较大反响和赞誉。

对于建筑运算与应用研究所来说，回顾过去意味着对以往工作和成绩的归纳和总结，不过，展望未来才更加符合数字技术的本质。根据现有国际国内相关领域的发展现状，建筑运算与应用研究所在近期和未来的工作重点主要放在建筑生成设计、数控建造和互动设计这三个主要教研方向，着眼于利用计算机编程算法定义，协调或构建与城市设计、建筑设计、建筑建造相关的各种探索，进而通过展现特定的算法技术，激发各种设计潜能。

建筑生成设计通常始于规则（如算法、约束等）的制定，建筑学如果要着手于程序算法对建筑世界的创造，那么它的设计方法就需要与程序方法相结合。建筑生成设计技术运用程序算法系统定义生成、协调、构建建筑设计艺术，模拟数学的、机械的、随机但自洽的计算机程序流程。在某种程度上，生成方法和其他设计方法具有一定的区别，设计者必须借助生成系统辅助、激发其设计灵感，生成系统被赋予挖掘设计师潜能的职责。一方面，它可以展示规则、非规则、复杂事物的变化程度以及难以预见的行为模式，而另一方面，生成系统仍包含预先定义与生成成果间的因果关系。

数控建造以设计师为研究主体，其系统方法旨在填补建筑设计、加工工艺及建筑建造之间的专业缝隙，在集成的数字程序控制下，整合逻辑算法、程序规则、建造及施工各阶段成果，从时间、材料、生产及管理各层面优化资源，实现成本与效益的最优组合。数控建造以程序编写及其代码生成为主线，涉足设计、系统模型、计算机科学及数控制造理论方法，通过制定程序运行算法规则生成设计结果。

随着计算机编程、微电子控制技术及声、光、热等各类输入、输出终端技术的发展，建筑也将在不久的未来来到新的十字路口。基于互动技术的建筑设计始终，将逐渐成为未来建筑的主流，不过，技术发展变化再剧烈，也离不开建筑设计本身所具备的基本特征。互动建筑设计通常离不开电子制作，主要以电子元器件和电子电路为核心，针对特定建筑功能进行自主终端开发，同时，要在技术可行的条件下实现审美及特定建筑空间需求。

与其他工程学科相比，建筑学科相对滞后于新技术的发展，因此，建筑学亟需与其他相关学科合作，以全新而专业的视角去解读与建筑学相关的其他学科，建筑生成设计、数控建造、互动设计便是其中最具价值且需要深入探索的跨学科研究领域，也是未来东南大学建筑运算与应用研究所大展拳脚的领域。

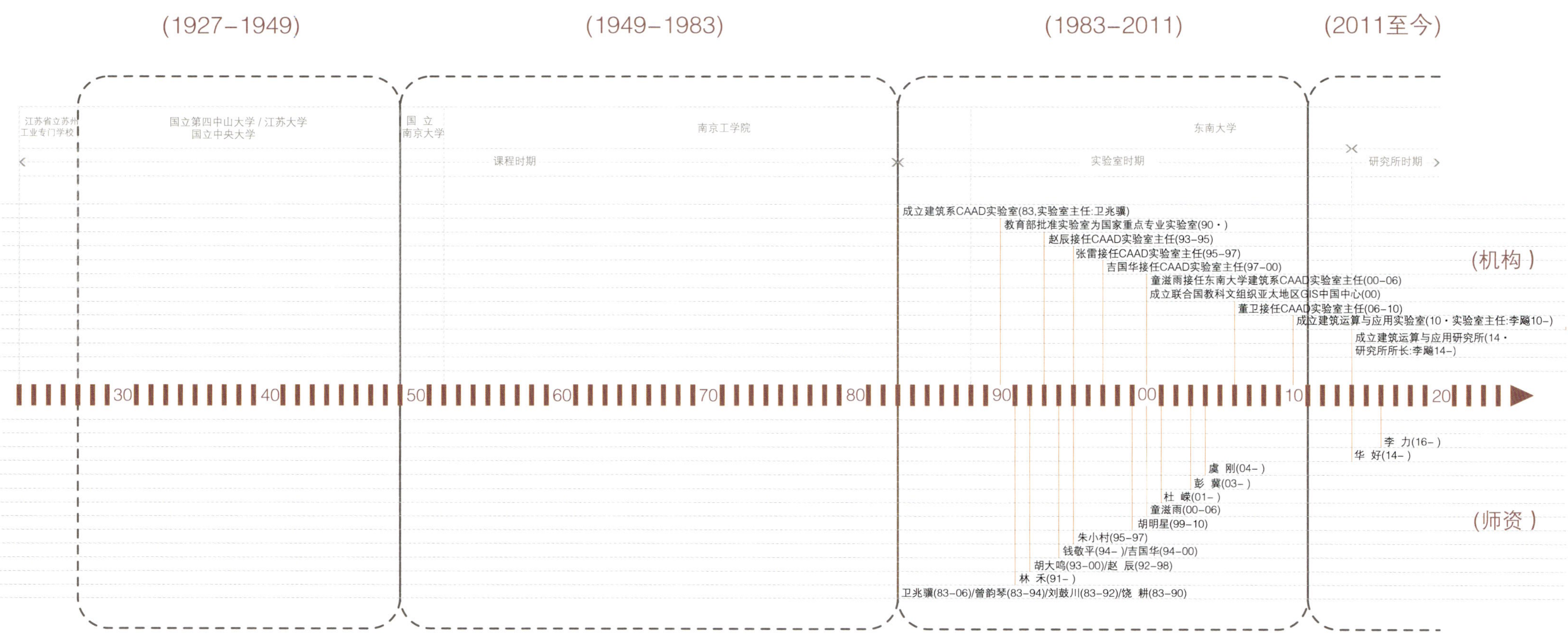

建筑运算与应用研究所・建制发展示意图

（注：表内时间指标 00 指 2000 年；之前的指标，如 93–95，指 1993–1995 年；之后的指标，如 06–10，指 2006–2010 年；跨于两边的，如 83–06，指 1983–2006 年。）

相关机构

东南大学建筑研究所简介

东南大学建筑研究所成立于1979年9月，是教育部特批的从事建筑科研、设计和教学的高层次自然科学研究机构。第一任所长由已故著名建筑学家、建筑教育家、中国科学院学部委员、建筑师杨廷宝先生担任，第二任所长即现任所长是中国科学院院士、国家级建筑设计大师、博士生导师齐康教授。东南大学建筑研究所是我国首批设立建筑学博士点的科研机构，在建筑设计与理论、建筑历史与理论两个学科领域取得了丰硕的研究成果。在杨廷宝、齐康两任所长的带领下，东南大学建筑研究所秉承设计实践与教学科研相结合的一贯传统，立足建筑创作与研究生培养，创作了一大批里程碑式的优秀建筑，并为我国建筑事业的发展输送了大量高层次的顶尖人才。

东南大学建筑研究所的前身可以追溯到1952年成立的中国建筑研究室（1952~1964，刘敦桢任主任）与公共建筑研究室（1956~1964，杨廷宝任主任、童寯任副主任），其发展得益于杨廷宝、童寯、刘敦桢等杰出建筑学家的优秀治学与实践传统。1979年9月，杨廷宝先生组建建筑研究所并任所长，童寯、齐康、杨德安任副所长；党支部书记为过静华，后为黄一鸾；成员有胡思永（后去美国）、郭湖生、陈昌贤、陈宗钦，晏隆余、刘叙杰、赖聚奎、蔡冠丽等人。1983年10月，根据教育部（83）教技字013号文通知，南京工学院下发正式批文，设立包括建筑研究所在内的4个第一批自然科学研究机构。建筑研究所成立初期，主要工作以整理老一辈大师的建筑作品、著作为主。经历了为时两年在全国范围内的资料收集和实地拍摄工作后，整理出了由齐康和郭湖生作序、中国建筑工业出版社出版的我国第一部建筑师个人作品集《杨廷宝建筑设计作品集》；此后，齐康还记述整理了含20余篇文章的《杨廷宝谈建筑》，充分展现了杨廷宝先生的建筑思想。由童寯先生主持编撰的《现代建筑与流派》、《苏联建筑》、《日本建筑》等著作也在这一时期出版，对当时的建筑界颇有影响。除此之外，建研所还出版了杨廷宝、童寯的水彩画和速写集，对杨、童二位先生的相关作品进行了全方位的整理和展示。与此同时，工程项目也在杨廷宝先生的带领下同步进行，上海古漪园茶室、南京清凉山公园等都是建研所初期的作品。1980年，杨廷宝先生应福建省建委要求考察了武夷山风景区，提出了“宜低不宜高、宜散不宜聚、宜淡不宜浓、宜藏不宜露、宜土不宜洋”的理论，并在全体同仁的努力下开创了武夷山风景建筑的独特风格，实践周期达十年之久，其中武夷山庄获得了国家优秀设计金质奖以及20世纪80年代全国十大建筑作品第5名的殊荣。1982年，齐康为中国大百科全书第一版的“建筑、规划、园林”卷书写前言；刘叙杰负责《刘敦桢文集》的编撰。杨廷宝和童寯先生去世后，齐康接任所长，期间有几位同志陆续离开，也有一些新成员加入。沧桑岁月开辟了建筑研究所的建筑研究之路。基于“建成一流”的宗旨，建筑研究所参与了多项建筑设计工程，首先是武夷山庄，风景区的码头，茶室，大王亭，仙人亭，前后历经十年。

建筑研究所还承担了修复武夷宫的工程设计和“幔亭山房”的复建、南京丁山宾馆的工程设计、南京五台山体育馆的设计工作以及毛主席纪念堂的工程设计等，这些工程都得到当时建筑界的好评。杨廷宝先生去世后的重要工程是南京雨花台革命烈士纪念馆、纪念碑设计，时间跨度亦达十年之久，获得国家优秀设计铜质奖。1992 年，建筑研究所又承担了“南京侵华日军大屠杀遇难同胞纪念馆”（一期）的设计工作，该馆由邓小平同志亲笔题写馆名，获得国家 20 世纪优秀环境设计一等奖。20 世纪 90 年代以来，在齐康的带领下，建筑研究所设计团队完成了南京梅园新村纪念馆（国家优秀设计金质奖）、江苏淮安周恩来纪念馆（国家优秀工程设计三等奖）、中国人民解放军海军诞生地纪念馆、西藏和平解放纪念碑、南京鼓楼邮政大楼、南京航空航天大学逸夫馆、江苏淮安周恩来遗物陈列馆、南京古生物博物馆、中国科技大学教学楼、沈阳“九·一八”历史博物馆、姜堰博物馆、淮海战役陈官庄地区歼灭战纪念馆、南京“1912”文化街区等一大批获奖优秀建筑设计作品。

东南大学建筑研究所成立以来，在建筑设计理论与建筑历史理论两方面进行了扎实持续和富有成效的研究。齐康在进行大量的建筑设计实践的同时，不断总结创作思想，丰富设计理论，出版了《纪念的凝思》、《齐康建筑设计作品集》、《创意设计——齐康及其合作者建筑作品选集》、《建筑课》等建筑学研究著作。同时，齐康提出“不研究城市的建筑师不是一个完整的建筑师”，倡导将建筑学研究视角从建筑拓展到城市，开城市形态研究之先河。科研成果“较发达地区城市化途径和小城镇技术经济政策”获建设部科技进步二等奖；“乡镇综合规划设计方法”、“城镇建筑环境规划设计理论与方法”、“城镇环境设计”、“现代城市设计理论及其方法”分获教育部科技进步一、二、三等奖和教育部自然科学一等奖。2000 年以后，研究团队基于城市形态方面国家自然科学基金项目的研究成果出版著作《城市建筑》、《理想景观》、《走向新社区》、《宜居环境整体建筑学构架研究》、《城镇宜居住区整体营造理论与方法》、《中国紧凑城市的形态理论与空间测度》等，极大地拓展了建筑学的学科研究领域。东南大学建筑研究所建筑历史学科首先由郭湖生教授担纲。郭湖生于 1957 年调至南京工学院，即担任中国科学院学部委员刘敦桢教授的研究助手，协助刘敦桢教授完成主持两个重要科研项目：①《苏州古典园林》，参加调查园史和现状及测绘，撰写部分实例文稿并预览修改部分资料性文稿。该书获一九七九年全国科学大会奖。②《中国古代建筑史》，作为全国建筑史编辑委员会委员，自始至终参加了写稿和实物调查，获 1980 年国家建工总局科技成果一等奖。刘敦桢先生去世以后，郭湖生继续发展建筑历史理论的研究：参加合写《中国建筑史》教材（第三、五章），获建设部优秀教材一等奖；应邀为《大百科全书——建筑・城规・园林卷》写条目共九项；为《建筑师》刊物写专栏《中国古代建筑师传》等。郭湖生积极展开国内国际学术交流，曾赴日本、美国、英国、韩国、新加坡、马来西亚等国访问讲学，1987 年援办厦门大学建筑系。郭湖生主要研究成果可概括为以下三个方面：①科学技术史。1979 年编成中国科学院自然科学史所主持的《中国科学技术史丛书》之一的《中国古代建筑技术史》，担任主持文稿审阅修改的第一副主任编审，并撰写该书多个章节。该书获 1985 年中国科学院科技进步二等奖。②中国古代城市史。从 1980 年代开始中国古代城市的专题研究，陆续发表了《子城制度》、《中国古代城市水工设施概述》、《魏晋南北朝至隋唐宫室制度沿革——兼论日本平城京的宫室制度》、《台城考》等文章。为《建筑师》撰写专栏文章《中国古代都城小史》

共十篇；1996年，发表《关于中国古代城市史的谈话》，提出古代都城分为：战国体系、邺城体系、汴京体系的新说法，全面总结中国古代城市的科学成就和技术艺术特色。③东方建筑。郭湖生于20世纪80年代提出研究东方建筑，即研究亚洲与中国毗邻和建筑文化有关的国家和地区的建筑，同时招收并指导博士研究生在该领域进行深层次的研究工作。2000年在深圳召开第一届国际东亚建筑文化研讨会。主编《东方建筑研究》丛书。曾开设有东方建筑、中国古代城市、《营造法式》等研究生课程。发表著作：《中国古代建筑技术史》，《中华古都》等，发表论文、书评、书序等约60余篇。郭湖生去世后，东南大学建筑研究所建筑历史学科由张十庆教授负责。张十庆2000年获聘教育部"长江学者奖励计划"的特聘教授，主持和完成国家自然科学基金项目5项。研究方向有东方建筑研究、地域建筑研究、中国古代建筑技术史研究。主持完成园林、传统建筑以及遗产保护工程多项。出版著作有《中日古代大木技术的源流与变迁》、《作庭记译注与研究》、《五山十刹图与南宋江南禅寺》、《江南禅宗的寺院与建筑》、《宁波保国寺大殿：勘测分析与基础研究》。

东南大学建筑研究所30余年薪火相传，人才辈出。现任所长齐康院士获得中国建筑学会梁思成奖（首届）第一名、中国国家文联终身成就奖、中国国家建委终身成就奖、江苏省2014年科技突出贡献奖。截至2016年，建筑研究所共培养研究生294人次，其中硕士研究生202名（其中31名继续攻读建筑研究所博士学位）、博士研究生92名。获得杰出成就的代表人物有中国工程院院士王建国、中国工程院院士孟建民、中国科学院院士常青、普利兹克奖获得者王澍。此外，著名教授、学者、建筑师以及江苏省设计大师等不胜枚举。东南大学建筑研究所侧重研究生培养，和东南大学建筑学院在学科建制上存在分工与交叉融合的关系：一方面，基于东南大学建筑研究所历史传统和学术威望的强势吸引，东南大学建筑学院（建筑系）以及其他建筑院校向建筑研究所输送了大量优秀的本科毕业生；另一方面，东南大学建筑研究所的优秀毕业生和教师有很大一部分向本校建筑学院和兄弟院校反哺，其余部分也大都成为行业精英，这使得建筑研究所成为培养中国优秀建筑教育人才与设计人才的发动机和人才储备基地，良性循环产生的共赢极大地提升了学术影响力，一定程度上铸就了东南大学建筑学科的辉煌。

工程设计获奖情况

1. 福建省武夷山市武夷山庄

建成：1983年

设计：齐康、赖聚奎、杨子伸、陈宗钦等

合作：福建省建筑设计研究院

获奖：建设部优秀工程一等奖，20世纪80年代全国十大建筑作品第5名，国家优秀设计金质奖

2. 浙江镇海口海防历史纪念馆

建成：1983年

设计：齐康、张彤

合作：浙江省建筑设计研究院
获奖：建设部优秀工程设计二等奖，浙江省优秀工程金质奖

3. **南京雨花台革命烈士纪念馆、碑**

建成：1986 年
设计：杨廷宝、齐康、郑炘、王建国、孟建民
合作：南京市建筑设计研究院
获奖：建设部优秀设计二等奖 1992，国家优秀设计铜质奖，建设部优秀工程二等奖，江苏省优秀工程一等奖

4. **江苏海安苏中七战七捷纪念馆、碑**

建成：1988 年
设计：齐康、马啸平、陈冰、张飞
合作：南通市建筑设计研究院
获奖：1991 年城乡建设部建筑设计表扬奖

5. **苏州丝绸博物馆**

建成：1990 年
设计：齐康、宗漱敏、马瑞平、黄田
合作：苏州市建筑设计研究院
获奖：1993 年建设部优秀设计三等奖，江苏省优秀设计一等奖

6. **南京梅园新村**

建成：1991 年
合作：南京市建筑设计研究院
设计：齐康、许以立、孟建民、仲德崑
获奖：1992 年国家优秀建筑设计金质奖，南京市优秀工程设计一等奖，江苏省优秀工程设计一等奖，建设部优秀工程设计一等奖

7. **南京侵华日军大屠杀遇难同胞纪念馆（一期）**

建成：1992 年
设计：齐康、朱雷、郑嘉宁
获奖：江苏省优秀设计工程二等奖，国家 20 世纪优秀环境设计一等奖

8. **江苏淮安周恩来纪念馆**

建成：1993 年
设计：齐康、张宏、孟建民、齐昉
合作：东南大学建筑设计研究院
获奖：1993 年国家优秀工程设计三等奖，建设部优秀工程设计二等奖，江苏省优秀工程设计一等奖

9. 东南大学榴园宾馆

建成：1993 年

设计：齐康、赵晨、周志麟

合作：东南大学建筑设计研究院

获奖：1994 年建设部优秀工程设计三等奖，1993 年江苏省优秀工程设计一等奖，1995 年国家教委优秀设计二等奖

10. 黄山国际大酒店

建成：1993 年

设计：齐康、陈宗钦、郑炘

合作：东南大学建筑设计研究院

获奖：1993 年建设部优秀设计三等奖，教育部优秀设计二等奖

11. 南京航空航天大学逸夫馆

建成：1996 年

设计：齐康、郑炘

合作：南京航空航天大学设计室

获奖：教育部优秀工程设计三等奖

12. 江苏淮安周恩来遗物陈列馆

建成：1997 年

设计：齐康、张宏、于雷

获奖：教育部优秀工程设计二等奖

13. 南京鼓楼邮政大楼

建成：1997 年

设计：齐康、刘照泓、张俊、仲德崑、王建国

合作：南京市建筑设计研究院

获奖：1998 年江苏省优秀教师工程设计一等奖，建设部优秀教师工程三等奖

14. 大连理工大学伯川图书馆

建成：1998 年

设计：齐康、胡文荟

合作：大连理工大学建筑设计研究院

获奖：2000 年教育部优秀设计二等奖，大连市优秀设计一等奖

15. 沈阳“九一八”历史博物馆

建成：1999 年

设计：齐康、金俊、王彦辉

合作：中国建筑东北设计研究院

获奖：2003 年辽宁省优秀设计一等奖

16. 中国人民解放军海军诞生地纪念馆

建成：1999 年

设计：齐康、张彤、黄印武、邹式汀

合作：南京市建筑设计研究院

获奖：2000 年南京市优秀工程设计一等奖，江苏省优秀工程设计一等奖，建设部优秀工程设计二等奖

17. 南京古生物博物馆

建成：2001 年

设计：齐康、齐昉、邓浩

合作：东南大学建筑设计研究院

获奖：教育部优秀工程二等奖，建设部优秀教师工程三等奖

18. 西藏和平解放纪念碑

建成：2002 年

设计：齐康、张宏、叶菁、孙磊磊、迟羊

合作：东南大学建筑设计研究院

获奖：教育部 2003 年优秀设计一等奖

19. 中国科技大学教学楼

建成：2003 年

设计：齐康、郑淆、孙曦

合作：东南大学建筑设计研究院

获奖：教育部优秀设计三等奖

20. 南京 1912 文化街区

建成：2004 年

设计：齐康、杨志疆、寿刚、郑炘等

合作：东南大学建筑设计研究院

获奖：2006 年建设部全国优秀工程设计奖

21. 南京市秦淮河南岸养虎巷段景观改造——中段 E5 号楼

建成：2009

设计：齐康、王彦辉、张芳、张十庆

获奖：2009 年度教育部优秀建筑工程三等奖

22. 淮海战役陈官庄地区歼灭战纪念馆

建成：2010

设计：齐康、金俊、王彦辉
获奖：2011 年度教育部优秀建筑工程三等奖

23. 淮安周恩来纪念馆扩建工程

建成：2009
设计：齐康、金俊、叶菁、王彦辉
获奖：2011 年度教育部优秀建筑工程三等奖

24. 姜堰博物馆

建成：2013
设计：齐康、王彦辉、张弦、张芳、朱坚、叶菁
获奖：2015 年度教育部优秀建筑工程二等奖

科研成果奖

1. “较发达地区城市化途经和小城镇技术经济政策”

合作：中国城市规划设计研究院
主要参与者：齐康
获奖：建设部科技进步二等奖

2. “综合设计方法”

主要参与者：齐康
获奖：教育部科技进步一等奖

3. “城镇环境规划理论与方法”

主要参与者：齐康
获奖：教育部科技进步二等奖

4. 环境设计

主要参与者：齐康
获奖：教育部科技进步三等奖

已毕业博士生

项秉仁	王建国	孟建民	段　进	尹　文	杜春燕
唐　健	张越良	顾俊健	赵　晶	周明王	杨志疆
陈　泳	张青萍	刘庄星	张宇轩	赵　辰	苏毓德
陈　欣	郑　炘	董　黎	余　健	张　宏	刘青昊
赵　晨	张　彤	李　滇	梅　青	朱竞翔	李海清
李　立	诸葛净	宁奇峰	高裕江	于　雷	王彦辉

金　俊　赵晓波　谭　颖　邓　浩　赵　琳　吴　梅
卢　山　李容准　朱　雷　郑卫民　魏春雨　曹麻茹
华晓宁　马　晓　乔迅翔　张　慧　扶　国　孔宇航
崔富得　单顶山　陈　涛　李　娜　吕文明　叶蔚冬
周　霖　周　凡　张四维　刘锷东　邓芳岩　姜　辉
谢鸿权　张明皓　张文辉　代晓利　陈　涛　陈一新
张　媛　何　柯　张　弦　顾媛媛　孙磊磊　俞　坚
汪　亮　喻梦哲　韦庚男　张　芳　李芝也　周　淼
赵　倩　竺剡瑶　高晓明　赵　茜　王　宇　周妍琳
邵继中　张　媛

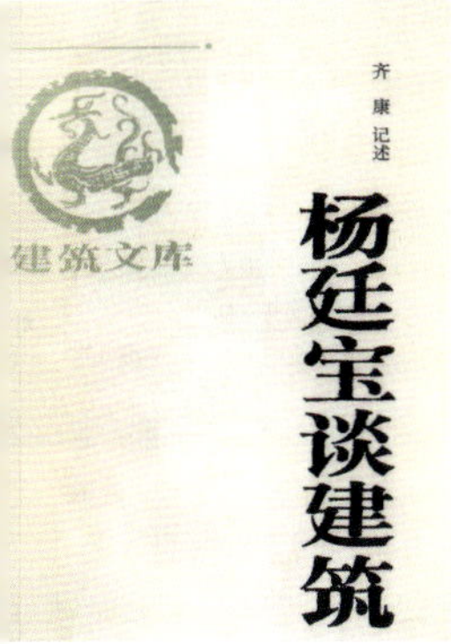

建筑文库——杨廷宝谈建筑（齐康记述）》

齐康编著《纪念的凝思》

齐康等编著《江南水乡一个点》

齐康主编《城市建筑》

齐康著《漫步画境》

著　作

1.《创意设计——齐康及其合作者建筑作品选集》，齐康编著，中国建筑工业出版社，2010 年。

2.《建筑文库——杨廷宝谈建筑（齐康记述）》，杨廷宝编著，中国建筑工业出版社。

3.《东南大学建筑系理论与创作丛书（1927~1987）——建筑创作》，齐康编著，中国建筑工业出版社，1997 年。

4.《纪念的凝思》，齐康编著，中国建筑工业出版社，1996 年。

5.《水的彩虹——齐康水彩画选》，齐康编著，东南大学出版社，2009 年。

6.《中国建筑名家文库——齐康文集》，齐康编著，华中出版社，2001 年。

7.《水彩画韵》，齐康编著，东南大学出版社，2012 年。

8.《江南水乡一个点》，齐康编著，江苏科学技术出版社，1990 年。

9.《城市建筑》，齐康主编，于雷、金俊、王彦辉、陈晓扬、施泽淞撰文，东南大学出版社，2001 年。

10.《绿色建筑设计与技术》，齐康总编，杨维菊主编，陈衍龙主审，东南大学出版社，国家十一五重大工程规划项目，2011 年。

11.《画的记忆（建筑师钢笔画）》，齐康编著，东南大学出版社，2007 年。

12.《风景入画（建筑师钢笔画）》，齐康编著，东南大学出版社，2007 年。

13.《漫步画境》，齐康编著，东南大学出版社，2008 年。

14.《建筑课》，齐康编著，中国建筑工业出版社，2008 年。

15.《规划课》，齐康编著，中国建筑工业出版社，2010 年。

16.《教育课》，齐康编著，中国建筑工业出版社。

17.《思路与反思（齐康论文集）》，齐康编著，科技出版社。

18.《齐康建筑设计作品系列——南京雨花台烈士纪念馆、碑轴线建筑群》，齐康编著，辽宁科学技术出版社。

19.《齐康建筑设计作品系列——侵华日军南京大屠杀遇难同胞纪念馆》，齐康编著，辽宁科学技术出版社。

20.《齐康建筑设计作品系列——镇海口海防历史纪念馆》，齐康编著，辽宁科学技术出版社。

21.《齐康建筑设计作品集——淮安周恩来纪念馆》，齐康编著，辽宁科学技术出版社。

22.《齐康建筑设计作品集——沈阳九一八历史博物馆》，齐康编著，辽宁科学技术出版社。

23.《齐康建筑设计作品集——武夷风彩》，齐康编著，辽宁科学技术出版社。

24.《齐康建筑设计作品集——河南省博物院》，齐康编著，辽宁科学技术出版。

25.《宜居环境整体建筑学构架研究》，齐康主编，东南大学出版社。

26.《大城市的生成与矛盾》，齐康编著，东南大学出版社，2014 年。

27.《城市绿地生态技术》，齐康主编 张浪等著，东南大学出版社，2015 年。

28.《地区的现代的新农村》，齐康等编著，东南大学出版社，2014 年。

29.《理想景观——城市景观空间的系统建构与整合设计》，金俊编著，东南大学出版社，2003 年。

30.《走向新社区——中国城市居住社区整体营造理论与方法》，王彦辉编著，东南大学出版社，2003 年。

31.《滨水别墅》，金俊译著，中国建筑工业出版社，2003 年。

32.《乡村别墅》，王彦辉译著，中国建筑工业出版社，2003 年。

33.《城镇宜居住区整体营造理论与方法》，王彦辉编著，东南大学出版社，2013 年。

34.《中国紧凑城市的形态理论与空间测度》，金俊编著，东南大学出版社，2017 年。

35.《中国古代建筑技术史》，郭湖生编审，科学出版社，1985 年。

36.《东方建筑研究》，郭湖生主编，张十庆编著，天津大学出版社，1992 年。

37.《中华古都》，郭湖生编著，建筑情报，2003 年。

38.《中日古代建筑大木技术的源流与变迁》，张十庆编著，天津大学出版社，2004 年。

39.《< 作庭记 > 译注与研究》，张十庆编著，天津大学出版，2004 年。

40.《五山十刹图与南宋江南禅寺》，张十庆编著，东南大学出版社，2000 年。

41.《中国江南禅宗寺院建筑》，张十庆编著，湖北教育出版社，2002 年。

42.《宁波保国寺大殿》，张十庆主编、东南大学建筑研究所著，东南大学出版社，2012 年。

齐康等编著
《大城市的生机与矛盾》

齐康等编著
《地区的现代的新农村》

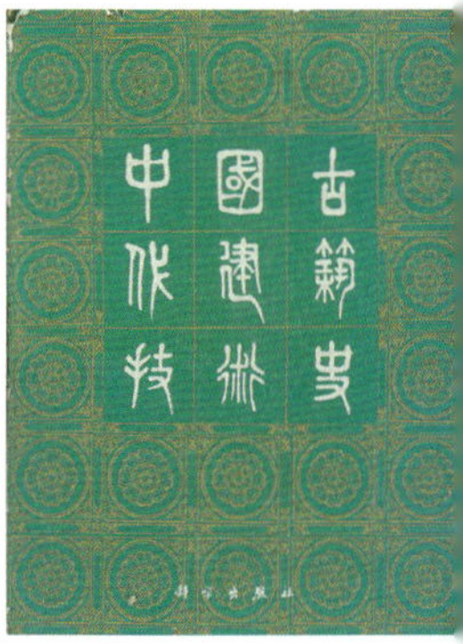

郭湖生编审
《中国古代建筑技术史》

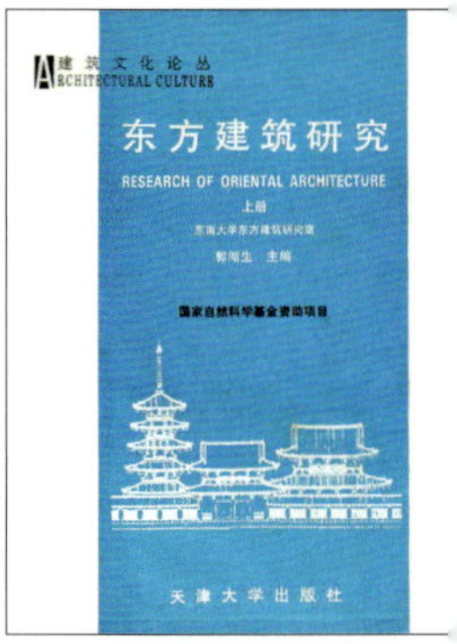

郭湖生主编《东方建筑研究》

张十庆著《中日古代建筑大木技术的源流与变迁》

其他获奖（齐康）

1. 中国建筑学会梁思成奖（首届）第一名
2. 中国建筑教育奖（首届）第一名
3. 中国国家文联终身成就奖
4. 中国国家民委终身成就奖
5. 江苏省 2014 年科技突出贡献奖
6. 南京大屠杀遇难同胞纪念馆终身成就奖

东南大学建筑设计研究院有限公司简介

东南大学建筑设计研究院有限公司始建于1965年，隶属国家教育部、东南大学领导，是国内一流的设计院之一。目前，全公司共618人，其中正高级技术职称人员21人，中、高级技术职称人员413人；国家一级注册建筑师92人，一级注册结构工程师46人，其他注册工程师等104人；公司员工中具有博士学位的员工22人，硕士学位325人；另有江苏省勘察设计大师2人，中国建筑学会优秀青年建筑师6人，江苏省优秀工程勘察设计师20人，硕士研究生导师11人。同时本校建筑、结构学科的3名院士担任我司的顾问总工。公司工作场所和技术装备先进，拥有高校设计院理论水平高、科研能力强、学习气氛浓和追求不断创新的综合优势。

公司现有建筑工程设计(甲级)，文物保护工程勘察设计（甲级），风景园林工程设计（专项甲级），公路工程设计（专业甲级），市政工程（道路工程、桥梁工程、城市隧道工程）设计（专业甲级），市政工程（排水工程）设计（专业乙级），电力行业（新能源发电、变电工程、火力发电）专业乙级，环境工程（水污染防治工程、大气污染防治工程）专项乙级，特种设备设计（压力管道），工程咨询（甲级），以及上述工程设计资质范围内相应的建设工程总承包业务以及相应的设备、材料销售、项目管理及人才培训等。

成立初衷

中国高等院校的建筑设计院制度是中国建筑教育与设计院实践结合和的一大特色。设计类专业自身就具有综合性、实践性的特征。在高等院校成立建筑设计院的初衷是为了使教学与实践相结合，提升人才的创新能力和实践素质，为培养人才提供教育实践基地，同时又为教师提供一个将科研成果转化为生产力的平台，作为“教学、科研、生产三结合的基地”，既满足学生实习的需要，解决教学与实践的矛盾，又可以从中总结相关经验，提高教学质量。为倡导理论与实践相结合的学风，同时满足高校基本建设的需要，1965年6月初，南京工学院（1988年更名为

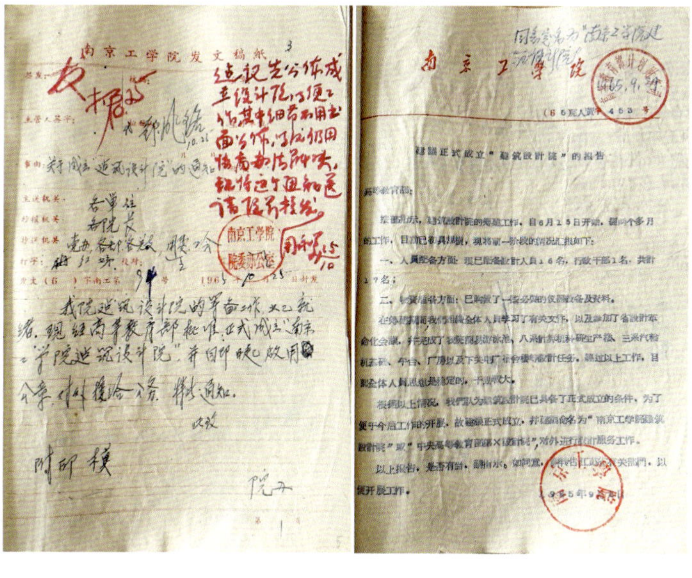
南京工学院发文稿纸

建议正式成立“建筑设计院”的报告

东南大学）决定由建筑系、土木系共同筹建建筑设计院，可以说自创建之日起，建筑设计院与建筑学院（建筑系）就存在着天然的血缘关系，建筑设计院的发展也始终伴随着建筑学科的发展共同前行。

历史沿革

1965 年 10 月，经国家高等教育部批准，南京工学院建筑设计院正式成立，当时汇聚了刘树勋、陈昌贤、史维祺、沈国尧等一批高水平的领导和技术骨干，为建筑设计院后来的发展奠定了坚实的基础。1966 年 6 月，受“文革”影响，设计院被下令解散。“文革”以后，于 1977 年成立了以杨廷宝先生为院长，陈昌贤、史维祺同志为副院长的设计院领导班子，开始恢复工作。1979 年 8 月国家教委正式发文，南京工学院建筑设计研究院院名启用并恢复正常工作。1988 年 6 月，南京工学院复用 1920 年旧名更名为东南大学，因此南京工学院建筑设计研究院更名为东南大学建筑设计研究院。2001 年 6 月东南大学工程设计研究院并入建筑设计研究院。2011 年底，经学校和教育部批准，设计院顺利完成改制，更名为东南大学建筑设计研究院有限公司，开启了现代企业运行的新模式。

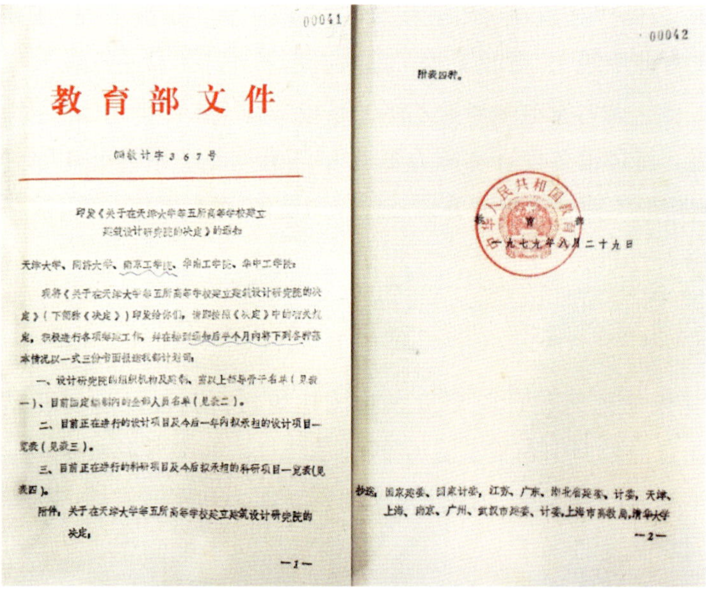

00041

教育部文件

(79)教计字 3 6 7 号

印发《关于在天津大学等五所高等学校建立建筑设计研究院的决定》的通知

天津大学、同济大学、南京工学院、华南工学院、华中工学院：

现将《关于在天津大学等五所高等学校建立建筑设计研究院的决定》（下简称《决定》）印发给你们，请即按照《决定》中的有关规定，积极进行各项筹建工作，并在接到通知后半个月内将下列各项基本情况以一式三份书面报送我部计划司。

一、设计研究院的组织机构及职责，室以上领导骨干名单（见表一）、目前拟定编制内的全部人员名单（见表二）。

二、目前正在进行的设计项目及今后一年内拟承担的设计项目一览表（见表三）。

三、目前正在进行的科研项目及今后拟承担的科研项目一览表（见表四）。

附件：关于在天津大学等五所高等学校建立建筑设计研究院的决定，

—1—

00042

附表四种。

教育部

一九七九年八月二十九日

抄送：国家建委、国家计委，江苏、广东、湖北省建委、计委，天津、上海、南京、广州、武汉市建委、计委，上海市高教局，清华大学

—2—

东南大学建筑设计研究院有限公司大事记

时　间	大 事 记
1965 年 6 月	筹备成立南京工学院建筑设计院
1965 年 10 月	经国家高等教育部批准，南京工学院建筑设计院成立
1979 年 8 月	教育部发文（79）教计字 367 号“印发《关于在天津大学等五所高等学校建立建筑设计研究院的决定》的通知”，南京工学院建筑设计院因此更名为南京工学院建筑设计研究院，全面开展正常工作
1987 年 7 月	经城乡建设环境保护部（87）城设字 327 号批准南京工学院建筑设计研究院为建筑设计综合甲级单位，并承担乙级城市规划及市政道路桥梁设计任务
1987 年	经全国优秀设计评选委员会评选，公司第一次获国家级优秀设计银奖（南京大学中美文化交流中心）
1988 年 5 月	南京工学院复更名为东南大学，同时南京工学院建筑设计研究院也更名为东南大学建筑设计研究院
1990 年 12 月	通过由国家教委、建设部组织的 TQC 达标验收
1993 年 5 月	经省工商局批准为独立法人企业，领取营业执照
1993 年 12 月	与台北启大设计顾问有限公司合作成立了江苏中大建筑工程设计有限公司
1994 年 8 月	成立东南大学建筑设计研究院深圳分院
1995 年 3 月	成立东南大学建筑设计研究院苏州分院
1998 年 11 月	由教育部、建设部批准获得跨行业交通（公路、桥隧）甲级，交通工程乙级，智能建筑（系统工程设计）甲级资质
2001 年 4 月	东南大学工程设计研究院并入东南大学建筑设计研究院，成立工程分院。公司开始具有电力行业乙级，环境污染防治工程（废水）乙级，废气治理工程乙级等资质
2002 年 4 月	成立交通分院
2002 年 7 月	由建设部批准获得市政公用行业（道路、桥梁、排水）乙级，水运行业（港口）乙级资质
2004 年 1 月	通过 ISO9000 质量管理体系认证
2004 年 1 月	由国家文物局批准获得文物保护工程勘察设计甲级资质
2004 年 6 月	由建设部批准获得市政公用行业（道路、桥梁）甲级，市政公用行业（风景园林）乙级资质
2004 年 12 月	成立风景园林设计所
2005 年 8 月	成立建筑遗产保护规划设计研究所
2005 年 10 月	由江苏省建设厅批准获得市政公用行业（热力工程、环境卫生工程）乙级资质
2007 年 7 月	由建设部批准获得市政公用行业（风景园林）甲级资质
2009 年 1 月	由江苏省建设厅批准获得电力行业（新能源发电、火力发电）乙级资质
2011 年 11 月	经教育部和东南大学批准，完成改制，更名为东南大学建筑设计研究院有限公司，并成立了第一届董事会和监事会
2013 年 9 月	原热电工程设计研究所更名为电力工程设计研究分院
2014 年 7 月	成立室内设计所

组织机构

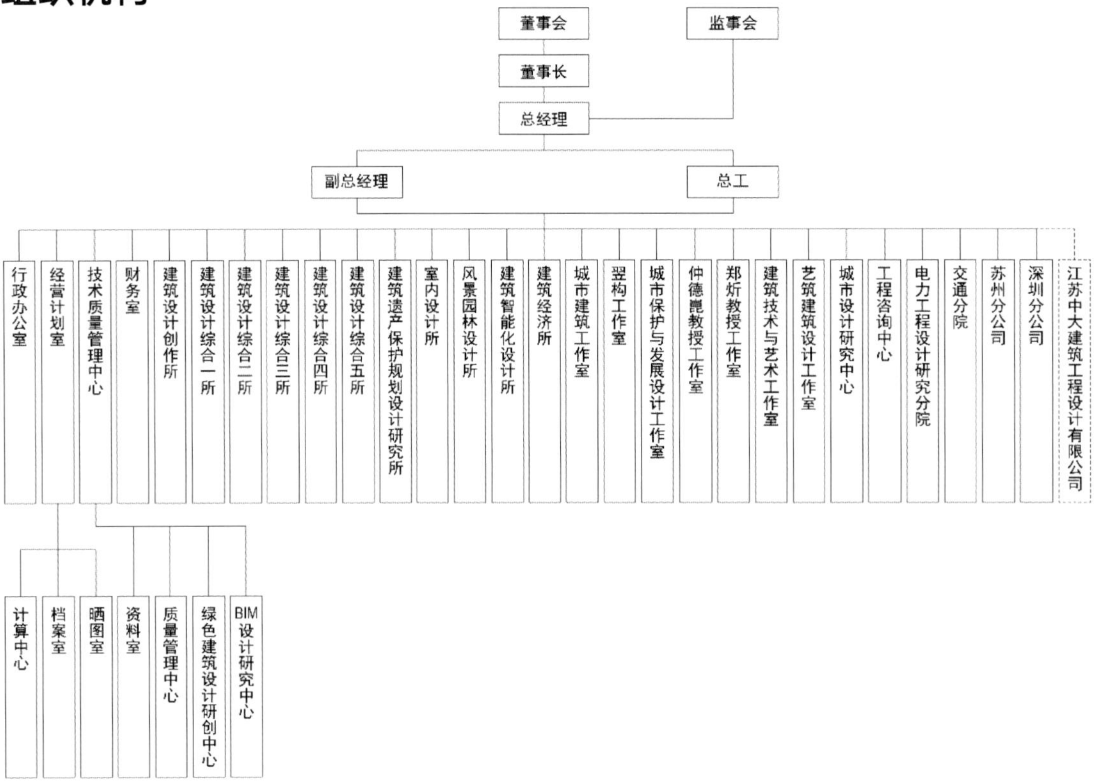

代表人物

元老简介

人　物	简　　介
杨廷宝	（1901 年 10 月 ~1982 年 12 月） 著名建筑学家、教育家、中科院学部委员、教授 曾任国际建筑师协会副主席、中国建筑学会副理事长 江苏省副省长、南京工学院副院长、南京工学院建筑系主任 建筑设计院院长（兼）、建筑研究所所长
刘树勋	（1902 年 12 月 ~1986 年 6 月） 著名土木工程教育家、教授 曾任中国农工民主党中央委员会副主席、江苏省政协副主席 江苏省人大常委会副主席、南京市副市长 南京工学院副院长 建筑设计院院长（兼）
史维祺	（1926 年 12 月 ~2014 年 7 月） 曾任南京工学院副院长、建筑设计院副院长
沈国尧	（1932 年 12 月生） 著名建筑师、教授 现任公司资深总建筑师、教育部教育建筑专家委员会副主任委员 曾任设计院筹建组负责人、副院长、总工程师、总建筑师
孙光初	（1942 年 12 月生） 教授 现任中国勘察设计协会高等院校勘察设计分会副会长、秘书长 曾任建筑设计院院长

设计院的发展历程倾注了全体员工的心血与不懈努力，特别是一批老前辈，如杨廷宝、刘树勋、陈昌贤、齐康、钟训正、丁大均、吕志涛等学者、大师，以及史维祺、沈国尧、高民权、曹惟参、孙光初、卜世珍、余传禹、葛爱荣、高崧、马晓东等领导、专家。

我院拥有江苏省设计大师：马晓东，中国建筑学会青年建筑师奖获得者傅筱、高庆辉、曹伟、马进、袁玮、钱锋、王志刚、万小梅。

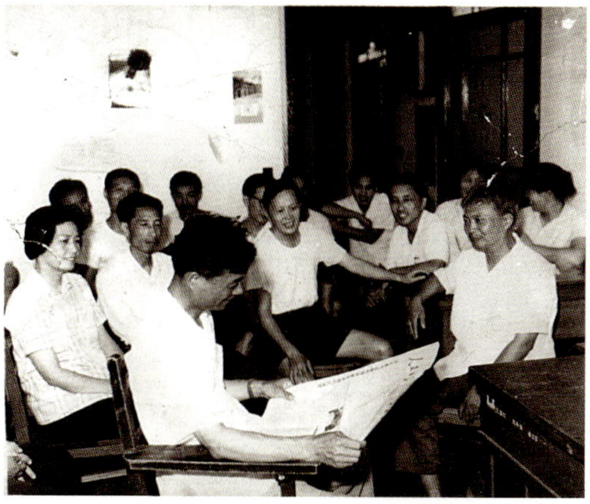

1987 年

1994 年

产学研结合

建筑设计院的发展历程与建筑学院、建筑研究所、土木工程学院和交通学院等单位的大力支持密不可分，与建筑学院的合作尤为紧密。各方在人员、教学、科研和实践等方面实现了全方位的合作和互动，形成了强大的合力，有力地促进了实践能力的提高和学科建设。主要体现在以下几个方面：

1. 依托学科优势，始终坚持在研究的基础上注重建筑设计的自主创作和技术创新，不断深化与加强产学研结合。公司现有硕士生导师和专业学位硕士生企业导师40 余人，每年独立培养硕士研究生 50 余人。

2. 通过校企联合的方式，成立了江苏省企业研究生工作站，通过共同申请科研项目、联合教学、企业导师制度等手段，与东南大学合作对目前多个领域的前沿问题展开研究，取得一定成果，并在实践项目中进行了应用。

3. 与建筑学院、土木工程学院合作成立了多个教授工作室和研究中心，如：城市建筑工作室、仲德崑教授工作室、郑炘教授工作室、艺筑建筑设计工作室、抗震设计研究中心、鼎力结构工作室等。

4. 作为参建单位，经科技部、教育部、省科技厅批准成立了“国家预应力工程技术研究中心”、“学校建设标准国家研究中心”、“江苏省光伏发电系统集成工程技术研究中心”。

产学研的融合，不仅有利于相关专业人才的教育培养，对设计院自身也产生了较大的促进影响。

首先，学院作为专业教育及研究的机构为设计院提供了一个良好的开拓视野的学术平台。由于建筑学院的学者专家经常参与工程项目的实践，将具有前瞻性的设计思想和前沿理论直接融入方案的创作之中，增强了设计的创新力度，提高了设计方案的竞争力。

其次，充分发挥了院校的技术优势，带动了设计水平的提高。学校科研团队的研究课题和成果，如绿色建筑与城市、建筑工业化设计与建造、参数化设计等应用型研究，在参与设计院的工程中得以实践应用，同时也加强了设计院的研究型特色和技术研发力量。此外，设计院也为相关专业的学生提供了教育实践基地，而他们也是设计企业潜在的新生力量。

东南大学建筑设计研究院有限公司在50余年的发展过程中，始终坚持了精心设计、出设计精品的理念，坚持只有依靠优秀的作品才能在设计市场上有长久立足之地的思想。为了实现目标，设计院在建筑创作的道路上，不仅依靠院内的设计团队，充分发挥技术优势；同时还依托本校各相关院系的资源优势，发掘各方面力量，发挥建筑师、工程师的主观能动性，保证设计质量以及最终的完成度，不断创作出优秀作品并充分体现其价值。

随着机构的发展，未来既会拥有更大的机遇，也会面临更多的挑战，因此对组织机制提出了更高的要求。如何加强产学研一体化运作；如何利用学科资源整合综合优势，如何促进精品建筑创作与科学研究的全面互动，如何带动人才建设的高水平全面发展等等，都需要创新探索。“产学研”作为一种优势，依然存在广阔的发展前景。

国际合作方面，设计院为学习国际先进设计经验，与美国、英国、德国、加拿大、瑞士等十几个国家的著名设计事务所开展了广泛的合作设计。

曾经在建筑设计院担任建筑学硕士研究生导师：沈国尧、高民权

目前在建筑设计院担任建筑学硕士研究生导师：高崧、马晓东、袁玮、钱锋、齐昉、高庆辉、万邦伟、周小棣

建筑学院朱光亚教授任遗产保护所所长；杨冬辉副教授任风景园林所所长

城市建筑工作室、仲德崑教授工作室、郑炘教授工作室、艺筑建筑设计工作室

成　果

设计院正式接手的第一个来自社会的任务是下关电厂宿舍，同时学校要求设计院将校东的池塘改成简易游泳池，于是这个300平方米不到的“水池”任务就成了起点，设计院的发展从此开始。截至目前，设计院已在全国各地承接完成了数千项工程设计任务，以“精心设计，勇于创新，讲究信誉，优质服务，持续改进，顾客满意”为质量方针，以“ISO9001-2008”标准为管理体系，取得了很好的信誉和社会效益。

在历届国家和部委、省、市的优秀设计评选中，设计院取得了优异的成绩，先后荣获省部级以上优秀设计奖四百多项，其中国家级银质奖6项，铜质奖3项，“全国建筑设计行业国庆60周年建筑设计大奖”1项，中国建筑学会授予的建国60周年不同时期我国现代建筑优秀代表性作品的最高奖项“中国建筑学会建筑创作奖”5项。近十年来公司获得全国行业及省部级优秀设计奖250余项，名列行业前茅。近年来又完成了一大批有重大社会影响的工程设计任务，如：中国国学中心、金陵大报恩寺、人民日报社报刊综合业务楼、江苏省档案馆新馆、江苏银行总部大厦、南京青奥体育公园、金陵图书馆新馆等。

建筑设计获奖统计

截止 2016 年底，在历届国家和部委、省、市的优秀设计评选中，均取得了优异的成绩，荣获各类优秀设计奖 769 项。

国家级银质 奖 6 项

国家级铜质奖 3 项

建设部优秀设计奖 46 项

全国工程勘察设计行业优秀工程勘察设计行业奖 61 项

教育部优秀设计奖 167 项

江苏省优秀设计奖 193 项

中国建筑学会奖 16 项

其他奖 279 项

企业荣誉

2009 年获得江苏省勘察设计质量管理先进单位和江苏省工程勘察设计行业“诚信单位”；2010 年荣获“江苏省勘察设计行业优秀设计院”和“工程勘察设计行业实施信息化建设先进单位奖”；2011 年本公司被评为全国建筑设计行业“诚信单位”；2008、2010、2012、2014、2016 年连续获得江苏省勘察设计企业综合实力排序（建筑设计）第一名；2012 年分别荣获“玄武区文明单位”和“南京市文明单位”称号；2012 年荣获“当代中国建筑设计百家名院”称号；2009 年、2011 年、2013 年公司连续三次被评为“江苏省勘察设计质量管理先进单位”；2013 年公司入选为中国勘察设计协会评选的“创优型企业”。

其他

设计院还独立承担和参与完成了多项国家自然基金科研项目；

参编《建筑设计资料集》(第三版)，负责第 3 分册办公建筑、第 4 分册科教建筑、第 5 分册旅馆建筑、第 8 分册无障碍设计等内容的编写工作；

编撰图集：《幼儿园建筑设计图集》(1991)、《蒸压轻质加气混凝土（NALC）网架板图集》(2004)、《建筑电气智能控制器应用图集》(2004)、《幼儿园标准设计样图》(2014)

编制标准：江苏省《公共建筑节能设计标准》DGJ32/J 96—2010 等

代表作品

南京工艺美术大楼、南京新华书店、南京大学中美文化交流中心、武汉大学人文科学馆、绍兴文理学院、淮安周恩来纪念馆、南京国展中心、南京紫金山庄、江苏省档案馆新馆、金陵图书馆、长兴广播电视台。

中国国学中心、金陵大报恩寺、人民日报社报刊综合业务楼、四川绵竹广济镇中心区灾后重建公共建筑群。

合作设计：南京金陵饭店、中心大酒店、泉峰集团总部办公楼、佛手湖国际建筑艺术展、太原美术馆、南京世贸中心、南京金融城。

东南大学城市规划设计研究院有限公司简介

单位简介

东南大学是最早设置城乡规划专业的高校之一，1993年经国家建设部批准成立城市规划设计研究院（简称东规院）（甲级资质）。由中国科学院院士、设计大师齐康教授担任名誉院长，中国工程院院士、中国城市规划学会常务理事王建国教授任院长，常务副院长、总规划师是中国城市规划学会常务理事、江苏省城市规划学会副理事长、全国勘察设计大师（详细规划与城市设计）、博士生导师段进教授。

东规院是高层次教学、科研、生产实践的基地。既有经验丰富、年富力强的博士与硕士导师，也有一批崭露头角的年轻学者和规划师，还有一批朝气蓬勃的博士生和硕士生，他们共同形成一支强有力的科研与规划设计队伍。

东规院编著了《城市空间发展论》、《城市中心区规划》、《现代城市更新》、《中国美术分类全集·中国建筑艺术全集·风景建筑》、《城市设计》等多部学术专著，培养博士、硕士100余名。规划设计成果遍及全国各地，在国内外具有较高声誉。

近年来，先后承接国家自然科学基金以及省部级科研项目多项。承担了一批国内外有影响的规划设计任务，其中苏州市环古城风貌保护工程西段详细规划、蓬莱市区立体空间形态与景观风貌特色规划、苏州古城控制性详细规划、南京青奥村地区整体规划与城市设计先后获全国优秀规划设计一等奖和国家优秀设计银奖，嘉兴市环城河沿线景观城市设计、苏州市虎丘周边地区城市设计、宣城市城市空间特色规划、南京秦淮河沿线地区城市设计、武汉主城东西山轴线城市设计、安徽大学新校区规划等获全国优秀规划设计二等奖，鉴湖风景名胜区柯岩风景区规划、泗洪濉河风光带城隍庙公园规划等获江苏省城市规划设计一等奖、首届中国建筑艺术奖等，在规划与建设界产生了良好的影响。同时在桂林中心城环城水系规划、青岛小港及周边地区城市设计、南京红花——机场地区城市设计、武汉阳春湖城市副中心（高铁站地区）城市设计、苏州火车站地区整合城市设计等多次国际与全国性规划设计竞赛中中标。

规划项目建成后受到了社会广泛的好评，如桂林中心城环城水系、浙江柯岩风景名胜区、苏州环古城风貌保护工程、南京青奥村地区等。

资质证书

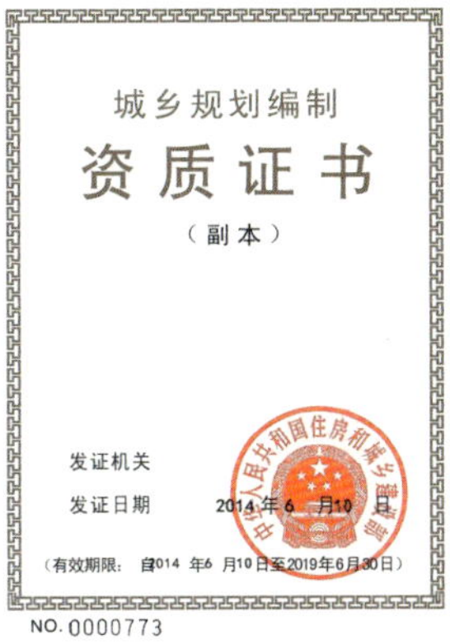

城乡规划编制

资质证书

（副本）

发证机关

发证日期　2014 年 6 月10 日

（有效期限：自2014 年6 月10 日至2019年6月30日）

NO. 0000773

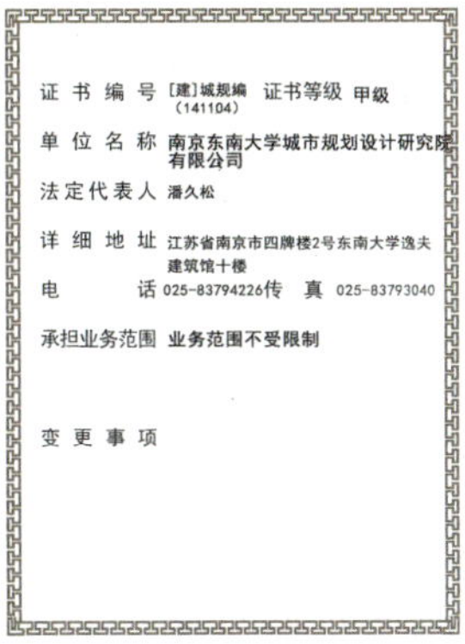

证书编号　[建]城规编（141104）　证书等级　甲级

单位名称　南京东南大学城市规划设计研究院有限公司

法定代表人　潘久松

详细地址　江苏省南京市四牌楼2号东南大学逸夫建筑馆十楼

电　话　025-83794226　传　真　025-83793040

承担业务范围　业务范围不受限制

变更事项

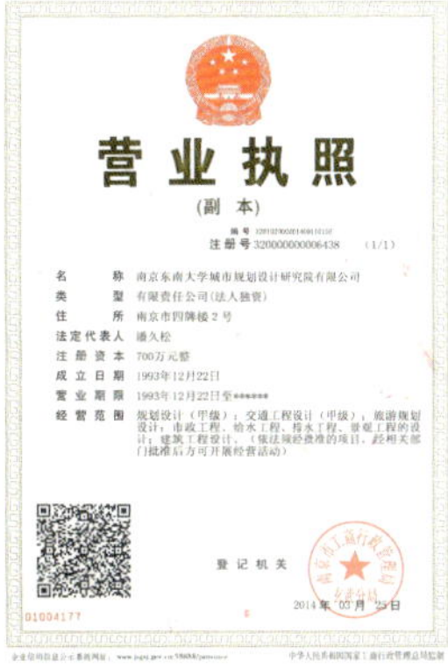

营业执照

（副　本）

注册号 320000000006438　（1/1）

名　称　南京东南大学城市规划设计研究院有限公司

类　型　有限责任公司（法人独资）

住　所　南京市四牌楼2号

法定代表人　潘久松

注册资本　700万元整

成立日期　1993年12月22日

营业期限　1993年12月22日至******

经营范围　规划设计（甲级）；交通工程设计（甲级）；旅游规划设计；市政工程、给水工程、排水工程、景观工程的设计；建筑工程设计。（依法须经批准的项目，经相关部门批准后方可开展经营活动）

登记机关

2014年 03月 25日

01004177

部分规划设计业绩

苏州市古城控制性详细规划

苏州市环古城风貌保护工程西段详细规划

苏州市虎丘周边地区城市设计

蓬莱市区立体空间形态与景观风貌特色规划

安徽大学新校区修建性详细规划

嘉兴市环城河沿线景观整合城市设计

苏州市火车站地区整合城市设计

常州市关河——运河周边地区保护与利用规划

南京青奥村地区整体规划与城市设计

常州市总体城市设计

浙江海宁市中心城区风貌特色规划

苏州滨湖新城概念规划

苏州滨湖新城控制性详细规划及城市设计

武汉市主城区东西山系轴线城市设计

南京江北新城雄州中心区城市设计及控制性详细规划

青岛世园都市新区概念规划

天津市城市空间形态规划

南京红花—机场地区城市设计及控制性详细规划

武汉市阳春湖（高铁站）城市副中心城市设计

昆明空港经济区总体规划

深圳市南山区分区规划

青岛市小港及周边地区城市设计

南京市滨江地区总体城市设计

南京南站地区控制性详细规划及核心区城市设计

南京南部新城发展战略规划

宁波市鄞州新区空间形态规划

宁波市东部新城行政片区城市设计

京杭运河杭州拱墅段城市设计

阜阳市城市总体规划
阜阳市城南新区控制性详细规划与概念性城市设计
鉴湖风景名胜区柯岩景区详细规划
天山天池国家风景名胜区总体规划
南京秦淮新河风光带沿线详细规划
六安市淠河滨湖地区城市设计
南京北站地区综合规划及核心区城市设计
无锡职教园区详细规划
宣城市城市空间特色规划
上海浦东新区陆家嘴塘东杨东地块详细规划
海口保税区控制性详细规划
淮北市城市空间风貌特色规划
合肥市东部新中心概念规划及核心区城市设计
阜阳高铁西站地区综合详细规划
合肥高铁南站片区城市设计

获奖情况

（1）全国优秀规划设计一等奖

苏州市古城控制性详细规划
苏州市环古城风貌保护工程西段详细规划
蓬莱市区立体空间形态与景观风貌特色规划
南京青奥村地区整体规划与城市设计
郑州市总体城市设计

（2）全国优秀规划设计二等奖

安徽大学新校区修建性详细规划
嘉兴市环城河沿线环境整合城市设计
苏州市火车站地区综合改造城市设计
常州市总体城市设计
浙江海宁市中心城区风貌特色规划
武汉市主城区东西山系轴线城市设计
天山天池国家风景名胜区总体规划
铁路南京站北广场枢纽地区规划
宣城市城市空间特色规划
南京秦淮新河沿线地区城市设计
南京市总体城市设计

（3）全国优秀规划设计三等奖

武汉市南湖地区城市设计
南京南站地区综合规划
河西新城江东南路淮河路两侧地块城市设计

东南大学建筑设计和理论研究中心简介

东南大学建筑设计和理论研究中心成立于2009年，是中国工程院院士、全国工程勘察设计大师程泰宁教授领衔的综合科研单位，致力于建筑行业发展战略、中国建筑文化弘扬以及产学研体系建设等方面的理论研究，并结合工程实践，形成产学研一体的科研结构。

人员结构

主　任：程泰宁院士

副主任：王静教授

　　　　王幼芬教授

教　师：费移山　周　霖

　　　　蒋　楠

研究生团队（在读）：博士后 2 人，博士生 6 人，硕士生 20 人

科研方向与优势

（1）国家战略决策与行业发展层面

利用中国工程院、住房和城乡建设部、教育部等政府平台，开展国家战略决策层面的研究，引领行业发展，是中心的主要科研方向之一。

中国工程院研究课题《当代中国建筑设计现状与发展》、中国工程院高端论坛《中国当代建筑设计发展战略》、中国工程院重大咨询项目《中国城市建设可持续发展战略研究》等重要研究项目在业内取得很大反响，住房和城乡建设部委托开展的建筑设计行业发展的多项政策研究课题也已逐步转化为行业政策，对行业发展起到积极作用。

（2）建筑文化传承与发展层面

以跨文化研究为基本方法，深入全面理解西方社会与建筑发展历程与思想内涵，通过比较、反思，发现中国文化中包含的积极因素，建构具有中国特色的建筑设计理论。

（3）产、学、研体系建设层面

发挥产学研结合的优势，配合教育部“卓越工程师计划”等工程科技人才培养计划，探讨产、学、研一体的体系建设方法。中心与校内设计单位及中联筑境建筑设计有限公司联合开展建筑创作工作，获得多项国家级、省市级优秀工程设计、建筑创作等奖项，体现出产学研一体的建筑创作平台的优势。

科研成果

国家重大科研项目

（1）中国工程院咨询研究课题——当代中国建筑设计现状与发展（2011.4~2013.12） 项目负责人：程泰宁院士

课题研究由东南大学、清华大学、同济大学、南京大学四校合作开展工作，在对当代中国建筑现状研究的基础上，对未来发展提出针对建筑专业、社会大众和领导决策三个层级的策略性思考和相关建议，对行业产生了重大影响，形成了目前建筑设计行业重视文化自觉、重视文脉传承的风气。

课题成果凝练的“院士建议书”得到中央领导的高度关注，习近平总书记对相关问题作出了重要批示，强调建筑和城市规划应该弘扬中国文化。

（2）中国工程院重大咨询研究项目——中国城市建设可持续发展战略研究（2017.1~2018.12） 项目负责人：程泰宁院士、王建国院士

研究团队由中国工程院四个学部 25 名院士领衔，城市建设领域主要高校、设计院、科研机构等二百多名专家组成。项目将紧密围绕我国“新型城镇化”背景下城市建设中的突出问题和战略需求，针对城市空间发展、环境资源保护、基础设施建设、交通发展模式优化、安全减灾防灾、实施保障体系等方面，提出中国城市建设可持续发展的核心战略选择。

（3）中国工程院高端论坛——中国当代建筑设计发展战略 项目负责人：程泰宁院士

2013 年 11 月，由中国工程院主办，中国工程院土木、水利、建筑学部和东南大学承办的工程院高端论坛——中国当代建筑设计发展战略在南京召开。作为工程院课题《当代中国建筑设计现状与发展》的延伸，会议旨在推动中国建筑界对中国当代建筑设计问题的进一步思考，引发社会各界对于建筑设计问题的关注。

中国建筑界数十位院士和工程勘察设计大师以及多位国际知名建筑学者群贤毕至、少长云集，论坛还邀请了政府领导在内的各界人士共同参与专业讨论。此次高端论坛既是对中国建筑设计发展历程的总结与反思，也是对未来方向的探讨，相关讨论成果对中国建筑设计领域的发展具有重要的指导意义。

（4）十三五国家重点研发计划项目——“经济发达地区传承中华建筑文脉的绿色建筑体系”中课题四——“长三角地区基于文脉传承的绿色建筑设计方法及关键技术”的研究工作。

项目负责人：王静教授

项目基于我国经济发达地区的文化、经济、社会、自然的特点，研究传承中华建筑文脉的绿色建筑体系，包括材料、构造、部品部件、形体、空间等主要构成要素，覆盖设计、营建、评价等主要环节。

中心负责“长三角地区基于文脉传承的绿色建筑设计方法及关键技术”课题，将具体研究长三角地区传承江南建筑文化的绿色建筑设计策略、创作方法、材料构造、意匠技法、空间组织、环境调控等关键技术等。

省部级科研项目

（1）住房和城乡建设部课题——关于加强建筑设计水平的政策措施研究（2013.11~2014.9）；课题负责人：程泰宁院士

（2）住房和城乡建设部课题——充分发挥注册建筑师在建筑工程项目中的主导作用研究（2015.03~2016.03）；课题负责人：王静教授

上述两个课题均是在对中国目前建筑行业相关制度的总体状况进行深入调研与剖析的基础上，对中国建筑设计领域与行业发展具有战略指导意义的研究成果。

（3）中国教育部人文社会科学研究项目——基于建筑学学科特点的高校产学研体系研究（2016.01~2017.07）；课题负责人：王静教授

该课题针对当前建筑学教育发展及校企深入合作等诸多问题提出了具有积极意义的制度完善建议。

出版著作

（1）《当代中国建筑设计现状与发展》“当代中国建筑设计现状与发展”课题组著

本书作为中国工程院课题研究成果，是在程泰宁院士领衔下，由东南大学、清华大学、同济大学、南京大学四校多位建筑学者所组成的研究团队历时三年时间共同撰写而成。该书全面系统地梳理了中国当代建筑创作状况，对辨明中国建筑创作的发展方向起到了非常重要的推动作用。

本书荣获第四届中国大学出版社图书奖优秀学术著作一等奖，并入选江苏省2014·苏版好书名单。

（2）《中国当代建筑设计发展战略》

本书为中国工程院国际工程科技发展战略高端论坛系列丛书之一，可供科研院所从事建筑及相关学科的研究人员与师生、设计院建筑师和工程师、城市建设管理者及房地产从业者阅读，也可作为广大关心中国城市与建筑发展的媒体与公众的参考书。

（3）《程泰宁——院士访谈录》

本书基于对于程泰宁院士深度采访的影像资料整理而成，详细地讲述了他从孩提时期的求学经历，在逆境中坚韧不拔地学习和工作的历程，更为重点的是到成为院士

之后鲜为人知的经历以及学术思想以及作品展示，对于建筑和规划从业人员有着重要的指导作用。

（4）《程泰宁建筑作品选 2009~2014》

本书与《中国建筑师——程泰宁》、《程泰宁建筑作品选 1997~2000》、《程泰宁建筑作品选 2001~2004》、《程泰宁建筑作品选 2005~2008》相衔接，收录了程泰宁院士 2009~2014 年中的 20 个代表作品。

（5）《中国工程院院士文集——语言与境界》

程泰宁 著

《语言与境界》为《中国工程院院士文集》中的一册，结集了中国工程院程泰宁院士多年来的学术论文、访谈与评论，反映了其对中国建筑的深层思考与剖析，诠释了其在历史与未来、东方与西方、地域与文化之间所建立的建筑哲学观。是一本透过程泰宁院士 50 余年建筑实践，感受其建筑思想、完善与成熟沉淀过程的探索之书。

（6）《近现代建筑遗产保护与再利用综合评价》

蒋楠，王建国著

本书基于近现代建筑遗产保护与再利用的迫切现实需求，针对以往在保护利用过程中过于依赖经验直觉而缺乏系统性制度化的弊端，将评价学的理论与方法引入建筑遗产保护利用的全过程，通过对其现状、价值、再利用潜力、再利用完成效果等进行综合评价来建立建筑遗产保护利用工作中理念与技术的有效选择机制，实现该流程的制度化、科学化以及合理化。

工程实践项目

中心充分发挥在工程项目实践方面的特长，通过工程项目来带动学术建设与日常教学。并配合程泰宁院士完成了一系列在国内具有重要影响力的工程规划设计和咨询项目，成果近年来荣获全国勘察设计、江苏省勘察设计及江苏省土木建筑学会建筑创作共奖十余项。

教学特色

中心的教学工作以研究生教学为主，除基础理论教育外，中心还与中联筑境共同建设研究生工作站，通过校企间的良性互动，形成以工程项目创新能力为导向、工程能力培养为目标、产学研互动为主导模式的建筑学教育模式，提高学生综合素质和适应未来工作的能力。

自 2011 年以来，程泰宁院士与筑境设计有限公司在东南大学成立了程泰宁奖励基金与筑境建筑设计有限公司奖励基金，旨在奖励东南大学建筑学院在建筑设计领域中取得优异成绩的本科生与研究生学子。

中心自成立以来，已培养博士研究生 4 名，硕士研究生 35 名。所培养的历届研究生在校期间屡获国家与学校的各级奖励（国家奖学金 1 人，校级奖学金十余人次），在进入设计单位工作之后，受到很高的评价。

学科平台

城市与建筑遗产保护教育部重点实验室简介

城市与建筑遗产保护教育部重点实验室（东南大学），以建筑历史与理论和建筑设计与理论两国家重点学科为主干，以东南大学建筑学院、土木学院、材料学院、环境学院、人文学院的相关学科为支撑，经长期不懈工作和开拓进取，初成规模，2008 年 11 月由东南大学建筑学院牵头完成实验室申报工作，2009 年 2 月获准立项并编制计划任务书，2009 年 5 月 31 日通过教育部组织的建设计划任务书专家论证，进入建设期，2012 年 6 月 9 日建设期满通过教育部专家验收，正式开放运行。

实验室设有四个研究方向：①东亚城市与建筑遗产保护理论与方法：包括东亚城市的关联性比较研究、具有东亚特色的建筑遗产保护理论与对策研究、东亚城市与建筑遗产保护的若干科学方法研究、城市化进程中的东亚历史城市保护理论与对策研究；②建筑遗产的性能退化机理：包括建筑遗产关键材料的性能退化机理、建筑遗产的结构性能退化机理及加固技术、建筑遗产的耐久性及剩余使用寿命预测；③城市与建筑遗产保护的绿色途径：包括城市既有建筑功能提升和更新改造技术、历史环境中的空间规划和建筑设计理论与方法、历史街区绿色交通与市政工程技术、东亚传统建筑工艺的传承研究；④城市与建筑遗产保护数字化方法：包括基于数字技术的历史城市与建筑空间分析方法、历史城市与建筑空间变迁机制研究等。同时，相应有四个技术平台作为研究支撑。

实验室设有学术委员会、管理委员会和固定人员 65 人、秘书 1 人，包括中国工程院院士 1 名、长江学者 2 名、国家杰出青年 1 名、教授 24 名，研究成员的学科背景包括遗产保护、建筑历史与理论、城乡规划、城市设计、建筑设计，风景园林、土木工程、材料科学、化学化工、建筑技术、计算机技术、交通工程、环境工程等，是一支多学科交叉的研究团队。

实验室主任：董卫教授

近年代表性研究成果：

（1）“十二五”国家科技支撑计划项目“传统民居聚落适应性保护及利用关键技术研究与集成示范”

（2）国家自然科学基金重点课题“中国城镇建筑遗产适应性保护和利用的理论和方法”

（3）国家自然科学基金课题“基于空间历史信息系统（SHIS）的城市形态变迁研究”

（4）“十二五”国家科技支撑计划子课题“建筑空间被动式设计与适宜技术集成研究及示范”

（5）“十二五”国家科技支撑计划课题“水网密集地区村镇宜居社区与工业化小康住宅建设关键技术研究与集成示范”

传统木构建筑营造技艺研究国家文物局重点科研基地简介

“传统木构建筑营造技艺研究国家文物局重点科研基地”是2014年1月由国家文物局批准成立的第五批重点科研基地之一。该基地依托东南大学，整合东南大学建筑学院、城市与建筑遗产保护教育部重点实验室、东南大学建筑设计研究院有限公司，以及土木、材料、化学等学科的科研、教学、实验及实践平台等诸多优势，并特邀浙江省古建筑设计研究院作为传承应用研究中心共同构成。针对我国传统木构建筑营造技艺传承与创新中面临的理论建构不足、技艺濒临失传、材料衔接错位、维修技术手段单一等现实问题，基地在国家文物局的指导下开展科学研究工作。基地于2015年7月7日在东南大学举行了隆重的揭牌仪式，开始正式运行。

基地研究方向主要为：①传统木构建筑营造技艺的系统调查、区系研究和数据库建构：包括传统木构建筑营造技艺的系统调查、传统木构建筑营造技艺的区系研究、建构分区系的传统建筑营造技艺的开放数据库；②传统木构建筑营造技艺的科学分析及科学保护：包括加强不同区系传统木构建筑营造技艺的科学原理和价值分析、进行退化机理研究，提出修缮必要性评估、耐久性和剩余寿命计算方法、进行材料和结构修复的研究和实验，为综合改良和创新提供依据；③传统木构建筑营造技艺在文物建筑保护中的特色理论创新和传承应用的实践：包括整体性保护建筑形制前提下的木构建筑营造技艺的理论创新、探索东方建筑体系的木构建筑营造技艺的传承实践方法、开展木构建筑营造技艺的修缮传统和传承应用的培训等。

基地主要以东南大学多学科技术力量为支撑，现有固定研究人员35人。其中建筑遗产保护和建筑历史专业14人，建筑物理5人，结构工程4人，材料科学3人，化学化工2人，计算机技术2人，建筑学4人，旅游管理1人，并特邀浙江省古建筑设计研究院和中国文化遗产研究院专家各1位。其中中国工程院院士1人，教授18人（含长江学者2人），副教授11人，具有博士学位的28人。另有博士后、博士、硕士研究生等流动研究人员40余人。

基地主任：陈薇教授

近年代表性研究成果：

（1）“十一五”国家科技支撑计划课题“徽派传统民居型小康住宅技术集成与示范”

（2）“十二五”国家科技支撑计划课题“古代建筑营造传统工艺科学化研究”子课题：古代建筑木构榫卯节点科学化研究；古代建筑青砖灰瓦营造工艺科学化研究

（3）故宫文渊阁碑亭精细测绘研究

（4）国家自然科学基金课题“江南传统木构建筑典型构架体系的榫卯构造及结构机制研究”

（5）国家自然科学基金青年基金课题“基于事件性的革命旧址类文物建筑保护的理论和方法”

当代城乡环境整合技术创新引智基地简介

高等学校学科创新引智基地——东南大学当代城乡环境整合技术创新引智基地，成立于2016年，计划实施五年。这是由中华人民共和国教育部、中华人民共和国国家外国专家局联合实施，旨在推进中国高等学校建设世界一流大学进程所批准的国家引进先进国际人才计划之一。

目前，我国正处于在国际视野下探讨具有中国特色的新型城镇化道路的又一个关键时期。经历了三十余年的快速发展，现在已到了必须全面提高城镇化质量的阶段，即从增量发展为主导的模式开始转入充分重视既有资源，以“存量规划”对建成环境进行可持续利用、改造、更新、提升的新阶段。新型城镇化道路的探索面临着经济、社会、资源、环境、文化等多方面的问题和挑战。东南大学引智基地将以当代城乡环境整合技术创新为目标，整合建筑学、城乡规划、风景园林三个学科的优势，彼此吸收养分，协同创新，推动三个一级学科的整合并培育新的增长点，为中国新型城镇化提供前瞻思维、创新理论和有效方法。其性质属引智基地内的第三种类型，即：直面国家发展重点领域、问题导向、文理融合的综合智库型支撑学科。

引智基地的外方学术负责人为ETH的Sacha Menz教授，中方学术负责人为王建国院士。其中参加引智基地科研合作的外方专家主要还包括：ETH（苏黎世瑞士联邦理工学院）教授Ludger Hovestadt，MIT（麻省理工学院）教授Amy Glasmeier，MIT教授Anne Spirn，东京工业大学坂本一成教授，东京工业大学奥山信一教授，东京工业大学安田幸一教授，宾夕法尼亚大学David Leatherbarrow教授，弗吉尼亚大学李士桥教授，联合国教科文组织亚太地区前文化事务专员Richard Engelhardt教授，Journal of Building Physics，主编Mark Bomberg教授，ETH副教授Benjamin Dillenburger，ETH讲师Paulus Axel。

引智基地与海外人才及所在的国际著名院校ETH、MIT、东京工业大学、宾夕法尼亚大学等高校有长期、稳定、深入、成建制的合作，在人才交流、科研合作、联合教学等方面均有扎实的基础。引智基地借鉴ETH未来城市实验室等的建设、组织、运行方式，成建制地与他们的教授团队进行合作，并借助东南大学建筑学院在教学、科研和国际合作方面的优势，以城市与建筑遗产保护教育部重点实验室和国家文物局木构建筑研究基地为依托，展开与国际著名院校团队以及相关著名学者的合作研究，形成富有特色的国际化研究基地。

引智基地建设力图在国家发展战略指引下，面向当代国际尤其中国新型城镇化面临的关键问题进行超前性研究，探讨关键方法和技术，以应对当前和未来中国城镇化发展的重要问题，面向世界呈现富有中国特色的高水平研究成果。其中，研究注重技术和批判性结合，环境和地域性结合，文化和选择性结合，形成当代基于资源、环境、文化整合的城乡环境整合技术研究成果。其中主要研究内容如下：

（1）基于资源、环境、文化整合的城乡环境综合优化设计方法

我国新型城镇化将改变过去快速发展时期的大拆大建模式，从作“增量”转向作“存量”，从新建转向对既有城乡环境优化的关注。对于既有城乡环境的综合优化，一强调资源、环境、文化的整合，二突出建筑、规划、园林 3 个学科的整合，三重视设计、研发、工程实践的过程整合。

本研究内容提出“RECS 城市”的概念，即：Resources + Environment + Culture+ Society=RECS。这一概念充分借鉴西方后工业化发达国家在城镇化发展中的成功经验和深刻教训，根据我国社会经济发展现状及文化特色而提出了一种新型城镇化的发展模式和城乡环境综合优化策略。

（2）城乡环境建造的数字化技术和工业化技术

我国传统的城乡环境建造技术体系存在明显的缺陷，无法适应节能、环保、生态、低碳的要求。城乡环境建造技术的创新和突破对于建设资源节约型、环境友好型社会具有重要的意义，也是建筑、规划、园林学科共同关注的基础性问题。

本项研究内容将聚焦于数字建造和工业化建造。前者代表了当前国际上在建造领域的发展前沿和先进技术，后者则是对传统建造模式的革新。

（3）城乡及建筑文化遗产的整合保护

在环境和资源时代，城乡规划、建设与管理正在历经一次前所未有的重大转型，“因地制宜”、“体国经野”这些千年古训重新成为善待环境、合理配置资源和城乡更新的基本原则。在这个条件下，文化遗产保护也亟需汲取以往机械、单纯的管控方式而导致大量文化遗产丧失的教训，顺应时代而进行相应的改变和创新。

中篇 纪事

东南大学建筑学院大事记 1927~2017

江苏省立苏州工业专门学校大门

东南大学建筑教育的起源应上溯至“江苏公立苏州工业专门学校”的建筑科。

该校位于中国近代史上江南政治、经济、文化重镇苏州的三元坊，其前身为 20 世纪初开办的“苏省铁路学堂”、“中等工业学堂”于 1912 年 5 月合并而成的“江苏省第二工业学校”（中专）。1923 年 5 月，该校获准升为“江苏公立第二工业专门学校”（大专），同年 11 月改称“江苏公立苏州工业专门学校”，并于该年度起增设了“建筑科”，学制 3 年，这是中国高等学校中第一个大专建筑科 / 系。

该建筑科由留学日本东京高等工业学校（现东京工业大学）建筑科回国的柳士英（又名飞雄）创立，柳士英任科主任，其“东高工”的同学朱士圭（字叔侯）、黄祖淼（字鹿森）、刘敦桢（字士能）先后介入合办。从其课程计划可以看出：与以东高工为代表的日本体系相比，其教学在保持注重工程实施的同时，对设计（包括城市规划与景观设计）能力的培养也有所提升。自创科至 1927 年秋被并转，江苏公立苏州工业专门学校建筑科共招收 30 余名学生，其中 23 级 15 人、24 级 3 人、25 级 7 人、26 级 9 人。

建筑科主任柳士英

中日教学计划对照表

		东京帝国大学（1887）	东京高等工业学校（1907）	教育部大学规程（1913）	苏州工业专门学校（1926）
公共课部分					伦理（1,2,3）
					国文（1,2,3）
					英文（1）
					第二外国语（2,3）
		数学（1）	数学	数学	微积分（1）
					高物理（1）
					体育（1,2,3）
专业课部分	技术基础课	地质学（1） 应用力学（1） 应用力学制图及演习（1） 水力学（2） 地震学（3）	地质学 应用力学 应用力学制图及实习 地震学	地质学 应用力学 图法力学及演习 水力学 力学	地质（1） 应用力学（1） 材料力学（2）
				工业经济学	经济（3） 簿记（3）
	技术课	建筑材料（1） 家屋构造（1） 日本建筑构造（2）	建筑材料 家屋构造 日本建筑构造	房屋构造学 中国建筑构造法 建筑材料学	洋屋构造（1） 中国营造法（2） 建筑材料（2）
		铁骨构造（2）	铁骨构造	铁骨混合土构造法	土木工学大意（2） 铁混土（2,3） 铁骨构架（3）
		卫生工学（2）	卫生工学	卫生工学	卫生建筑（2）
		施工法（2） 建筑条例（3）	施工法 建筑条例	施工法 建筑法规	施工法及工程计算（3） 建筑法规与营业（3）
		测量（1） 测量实习（1）	测量 测量实习	测量学与实习	测量与实习（2,3）
		制造冶金学（3） 热机关（1）	制造冶金学 热机关	冶金制器法 热机关学	金木工实习（1）
	史论课	建筑历史（1） 日本建筑历史（1）	建筑历史 日本建筑历史	建筑史	西洋建筑史（1,2,3） 中国建筑史（3）
		建筑意匠（1,2） 美学（2） 装饰法（2,3）	建筑意匠 美学 装饰法	建筑意匠学 美学 装饰法	
	图艺课	制图及透视法实习（1） 应用规矩（1） 透视画法（1）	制图及透视法实习 应用规矩 透视画法	制图及配景法实习 配景法	投影画（1） 规矩术（2）
		自在画（1,2,3）	自在画	自在画	美术画（1）
	设计规划课	计画及制图（1,2） 日本建筑计画及制图（2） 卒业计画（3）	计画及制图 日本建筑计画及制图 卒业计画	计画及制图	建筑图案（1） 建筑意匠（2,3）
		装饰画（2,3）	装饰画	装饰画	内部装饰（3）
					庭园设计（3）
					都市计画（3）
		实地演习（2,3）	实地演习/实地实习	实地练习	建筑实习（2,3）

927~1948

927 年

全国在苏、浙两省试行“大学院”和“大学区制”。江苏省以原国立东南大学为基础，联合江苏政法大学、河海工科大学、江苏医科大学、南京工业专门学校、南京第一农业专门学校、南京商业学校、苏州工业专门学校、上海医科大学，成立“国立第四中山大学”。由于时任国民党政府大学院院长的蔡元培与四中大工学院院长周仁鉴于时代需求而力主，在其工学院中设置了中国高等学校中第一个大学建筑科 / 系——“建筑工程科”，学制四年。原 9 校之一的苏州工业专门学校三年制的建筑科随校并入该科。

国立东南大学校徽

国立东南大学校门

国立东南大学、第四中山大学校印

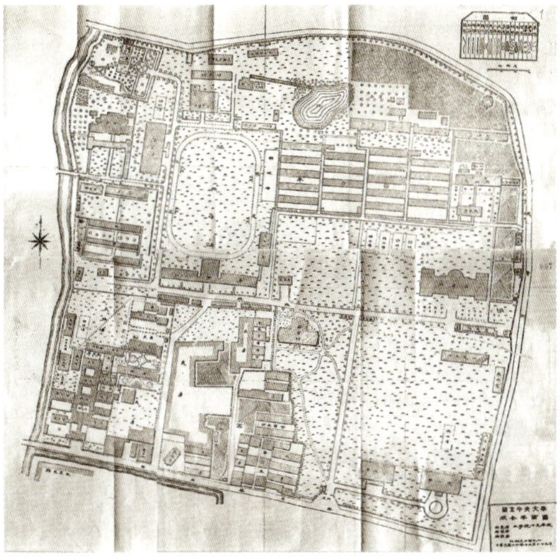

国立第四中山大学校园总平面（1927 年 12 月测绘）

科主任刘福泰

10 月 16 日，国立第四中山大学工学院院长周仁赴苏州，全面接收苏州工业专门学校。该校全部校产正式移交工学院，其中与建筑学相关的有图书资料若干，以及西方古建筑柱式石膏 9 件、西方古装饰模型 10 件等教学用具。至此，国立第四中山大学对 9 个组成院校的接收工作完毕。

12 月，苏州工业专门学校的建筑科二五、二六级学生由教师刘敦桢、助教濮齐材带队到宁，经过一学期试读后，分别有 6 名、5 名正式入学国立第四中山大学建筑科二、三年级。是年，国立第四中山大学建筑科有 2 名新生入学。

设科伊始时有专职教师：留学美国俄勒冈州立大学建筑系的硕士、时任上海彦记建筑事务所建筑师的刘福泰，留学英国格拉斯哥大学物理系、曾在多所学校任教西画课程的李祖鸿（字

李毅士先生

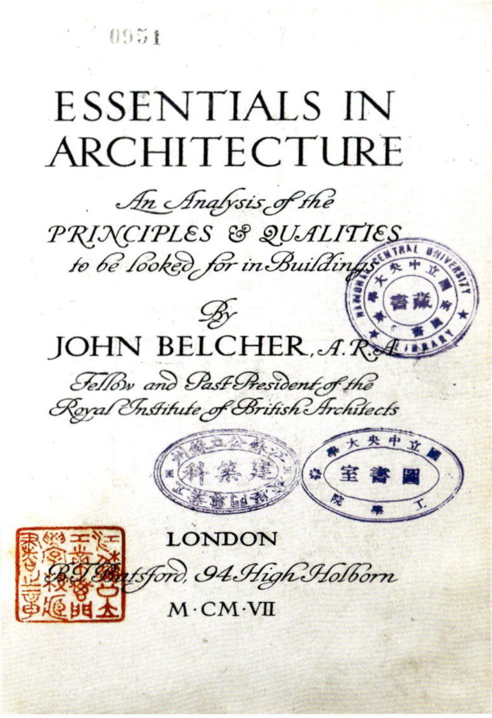
0951

ESSENTIALS IN ARCHITECTURE

An Analysis of the PRINCIPLES & QUALITIES to be looked for in Buildings

By JOHN BELCHER, A.R.A.

Fellow and Past President of the Royal Institute of British Architects

LONDON

B.T. Batsford, 94 High Holborn

M·CM·VII

苏州工专移交图书之一

刘敦桢先生

毅士），留学日本东京高等工业学校建筑科的原苏州工专教师刘敦桢和助教濮齐材。科主任由刘福泰担任。刘福泰、李毅士当选当年成立的“第四中山大学校务委员会当然委员”。

1928 年

国立中央大学校徽

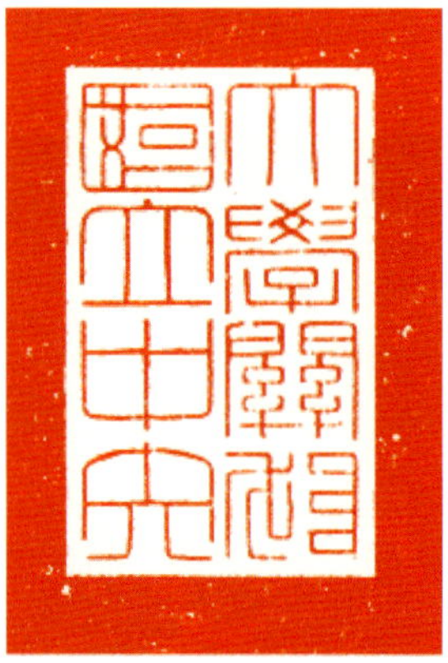

国立中央大学校印

建筑工程系印章

□ 1928 年 2 月 29 日，学校易名“江苏大学”；4 月 24 日，更名“国立中央大学”。

□ 建筑科颁布“中央大学建筑科学程一览”，36 门课以“讲授或问答”、“实验计算实习”两种形式分布于 4 个学年的 8 个学期中。此计划在保证充分史论、图艺及设计类课时的同时技术类课程的比例也足够饱满，可说是经典欧美体系和日本体系的糅合。因此，“艺技并重”一开始便成为教学的重要特征。

□ 在教学计划的具体实施中，科主任刘福泰任各年级建筑设计和高年级城市规划等设计类课程的教学，李祖鸿负责建筑画等全部图艺类课程的教学，刘敦桢则分授中西建筑史与营造法等技术类课程。

□ 刘敦桢在《科学》杂志上发表了其第一篇学术论文：“佛教对于中国建筑之影响”。

国立中央大学校门（1930 年代）

年级	学	程	第一学期 次数	第一学期 时数	第一学期 分数	第二学期 次数	第二学期 时数
一年级	建筑画	Architectural Drawing	△2	6	2		
	建筑大要	Elements of Architecture	△1	3	1		
	初级图案	Elementary Design				△2	6
	阴影法	Shades & Shadows	△1	2	1	△1	2
	西洋绘画	Drawing & Painting	△1	3	1	△2	6
	投影几何	Descriptive Geometry				△3	9
	测量	Surveying	○2△1	5	3		
	★物理	Physics	○4△1	7	4	○4△1	7
	★语言学	Foreign Language	○3	3	3	○3	3
	★微积分	Calculus	○4	4	3	○4	4
	文化史	History of Civilization	○1	1	1		
	★地质	Geology				○1	2
	总计				19		
二年级	建筑图案	Architectural Design	○1△5	18	6	○1△5	18
	建筑史	Architectural History	○1	1	1	○1	1
	西洋绘画	Drawing & Painting	△3	9	3	△3	9
	透视法	Perspective	△2	4	2		
	古代装饰	Historic Ornaments	○1	1	1	○1	1
	工程力学	Engineering Mechanics	○5	5	5		
	材料力学	Strength of Materials				○5	5
	营造法	Building Construction				△2	6
	总计				18		
三年级	建筑图案	Architectural Design	○1△4	15	5	○1△4	15
	建筑史	Architectural History	○2	2	2	○2	2
	西洋绘画	Drawing & Painting	△3	9	3	△3	9
	建筑组构	Architectural Composition	○2	2	2		
	中国营造法	Chinese Building Construction				○1△1	6
	泥塑术	Clay Molding	△2	6	2		
	★庭园图案	Landscape Design	○1△1	4	2		
	结构学	Theory of Structure	○2	2	2		
	铁筋三合土	Reinforced Concrete				○3△1	5
	★供热、通流、供水	Heating、Ventilating、Plumbing				○1	1
	电光电线	House Wiring & Sighting				○1	1
	总计				18		
四年级	建筑图案	Architectural Design	○1△5	18	6	○1△5	18
	美术史	History of Painting、Sculpture	○1	1	1		
	材料构造	Materials of Construction	○3	3	3		
	都市计划	City Planning	○1△1	6	2		
	内部装饰	Interior Decoration				○1△1	6
	建筑师服务	Professional practice				○2	2
	★经济原理	Principle of Economics	○3	3	3	○3	3
	材料试验	Materials Testing				△1	3
	工程图案	Structural Design				△3	9
	土石工	Masonry Construction	○3	3	3		
	总计				18		

1928 年中央大学工学院建筑工程科学程一览表　○-- 讲授或问答，　△-- 实验计算实习，　★-- 他院之课程

中央大学前区总立面（1930 年代）

1929 年

□ 留学美国宾夕法尼亚大学建筑系的卢树森（字奉璋）到建筑科任教，并兼任校总务长之职。在其任职期间，学校为建筑科购得《巴黎歌剧院图集》和“蓝皮书”（欧洲各时期古典建筑专著合集）、“红皮书”（巴黎美术学院学生作品合集）等珍贵的原版图书，此举促成了建筑科专用图书室的成型。

建筑系主任卢树森

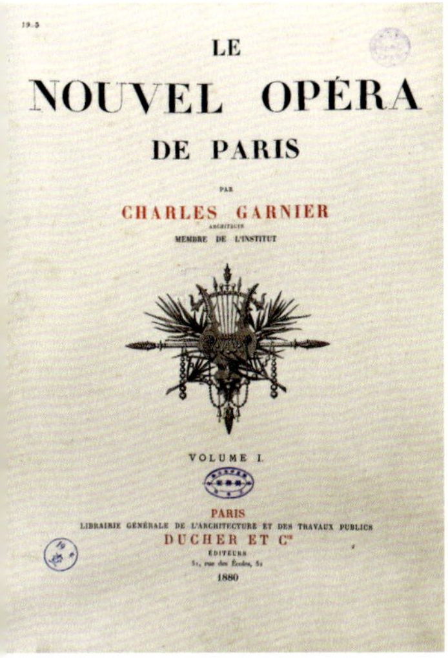

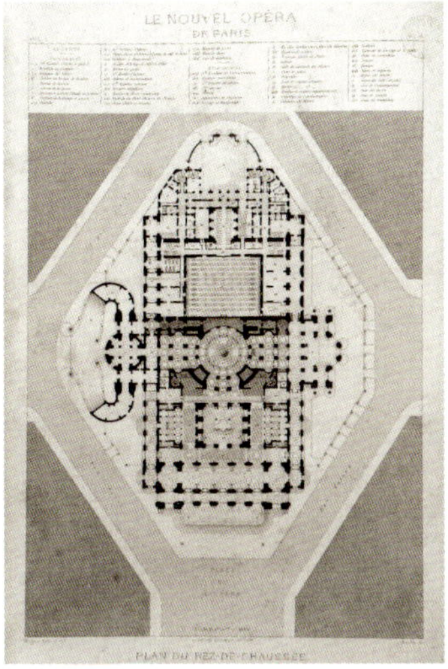

巴黎歌剧院图集

□ 留学德国柏林工业大学建筑系、时任司法行政部技正的贝季眉（字寿同）来建筑科任设计初步、室内装饰课程的教学，并分担了部分技术类课程。

□ 四牌楼校区东南隅工学院所在的“前工院”（亦称“新教室”）建成，建筑科位于其二楼北端。

建筑系馆所在的“新教室”

贝季眉先生

建筑系馆所在的“新教室”

新教室二楼建筑科师生合影（1931 年摄）

建筑工程科设计教室

建筑工程科西洋画教室

1930 年

□ 刘福泰讲授的都市计划作为必修课程，从四年级第一学期调整到第二学期开设，上课时数从每周 6 课时增加到 8 课时。课时分配从“画三（课时）讲三（课时）”改为“画六（课时）讲二（课时）”，授课内容为“古今都市街道及转运制度之轻便公园之规划及公共建筑市中心区等一切计划”，课本采用美国的原版教材 *City Planning*。

□ 中央大学建筑科首届毕业生 6 人离校。

□ 刘敦桢应朱启钤之邀加入 1929 年成立的“中国营造学社”。同年，刘敦桢完成“中山陵光化亭”设计。

刘敦桢设计作品：
中山陵光化亭

1931 年

随着学生数的增加，经当时的学生张开济等与科主任商议，由建筑科致函邀请留学美国宾夕法尼亚大学的硕士、时任上海范文照建筑事务所建筑师的谭垣来建筑科兼职任教，承担了部分高年级建筑设计课的教学。

谭　垣先生

主持原民国政府考试院建筑群规划设计的建筑师、留学法国公共工程大学的卢毓骏来建筑科兼职任教，并主持续建 1930 年动工、后因经费困难而停工的校大礼堂，4 月底竣工。

东北沦陷后，东北大学建筑系张玉泉、费康、张镈、唐璞、林宣 5 名学生辗转来宁，在中央大学建筑科插班就读直至毕业。

中央大学建筑科本届毕业生张镛森（字至刚）留建筑科任助教。

刘敦桢率 2 名助教和部分高班学生赴曲阜、北京考察孔庙、故宫、十三陵等多处古迹，这是建筑科师生共同对传统古建筑进行的最早一次科学考察。

林学家及造园学家陈植来中央大学农学院任教，所开课程亦供建筑科学生选修。

建设中的中央大学大礼堂

建成后的中央大学大礼堂

张镛森先生

1932 年

1932 年 6 月，因政府欠发学校经费及学生反日游行而引发师生与当局冲突。中央大学数易校长，全校陷入混乱，被当局宣布解散整顿，直至 8 月下旬才恢复正常秩序。因此当年全校停止招生，建筑科教师也有变动：刘敦桢赴北平中国营造学社专职任文献部主任，卢树森赴北平铁道部任技正，贝季眉去南京政府司法部就职。

暑假结束复课后，中央大学改“科”为“系”，建筑工程科改名为“建筑工程系”。

秋，留学美国密歇根州立大学建筑系的朱神康、留学法国巴黎美术学院建筑系的刘既漂同时来建筑系兼职任教职。

张镛森完成“中山陵孝经鼎”设计。

张镛森设计作品：孝经鼎

1933 年

建筑系主任虞炳烈

□ 夏，留学法国里昂建筑专门学校建筑系和巴黎大学都市计划学院的虞炳烈（字伟成）来建筑系任教，讲授都市计划课程；留学美国伊利诺伊大学建筑系的硕士鲍鼎（字祝遐）来建筑系任教，接替刘敦桢讲授钢结构设计、营造法等课程；留学美国康奈尔大学建筑系的硕士陈裕华来建筑系任教，讲授技术类课程。此时，建筑系共有有教授 6 名、助教 4 名。

□ 虞炳烈来建筑系后参与完成“南京街道计划图”及中央大学四牌楼校区的“新宿舍”（193
年设计建成）等工作。

建筑系主任鲍鼎

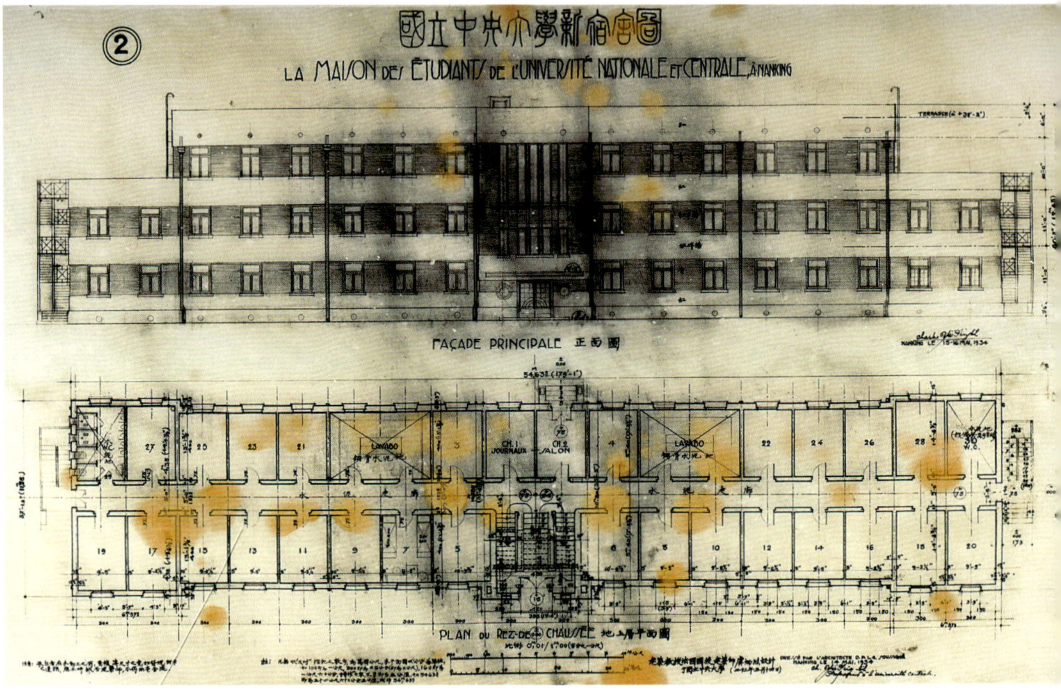

虞炳烈设计作品：四牌楼校区“新宿舍”

陈裕华先生

建成后为四牌楼校区“新宿舍”

1934 年

□ 虞炳烈接替刘福泰出任系主任，并在都市计划课程中将巴黎大学都市计划学院（现法国城市规划学院）的作业作为基本练习，安排学生描摹各国著名的城市广场，最后把自己描绘的各国城市名作和学生描绘的作业集中装订成《都市建设术世界名市杰作之集合》。

□ 2 月，谭垣改为专任建筑系教职。

□ 虞炳烈完成原“国立编译馆设计”。

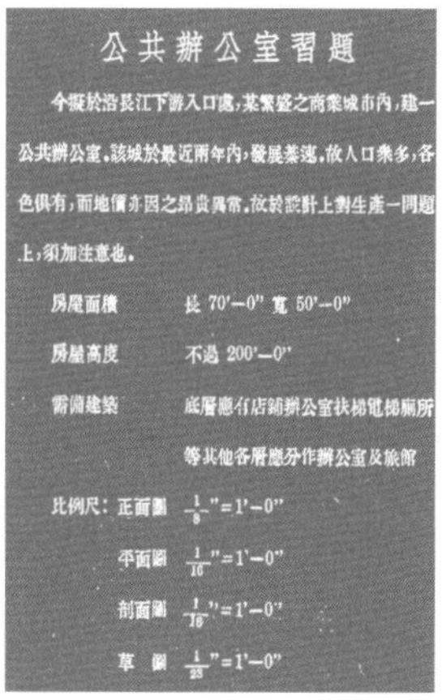

公共辦公室習題

今擬於沿長江下游入口處，某繁盛之商業城市內，建一公共辦公室。該城於最近兩年內，發展甚速，故人口衆多，各色俱有，而地價亦因之昂貴異常，故於設計上對生產一問題上，須加注意也。

房屋面積	長 70'—0" 寬 50'—0"
房屋高度	不過 200'—0"
需備建築	底層應有店鋪辦公室扶梯電梯廁所等其他各層應分作辦公室及旅館
比例尺：正面圖	$\frac{1}{8}$" = 1'—0"
平面圖	$\frac{1}{16}$" = 1'—0"
剖面圖	$\frac{1}{16}$" = 1'—0"
草　圖	$\frac{1}{23}$" = 1'—0"

1933 届四年级公共办公室设计任务书

933 届学生戴志昂四年级作业 - 公共办公室设计（平面及剖面）

1933 届学生戴志昂四年级学生作业 - 公共办公室设计（正立面）

1933 届学生戴志昂四年级作业 - 公共办公室设计（侧立面）

935 届学生王惠英三年级作业 - 税务稽征所设计

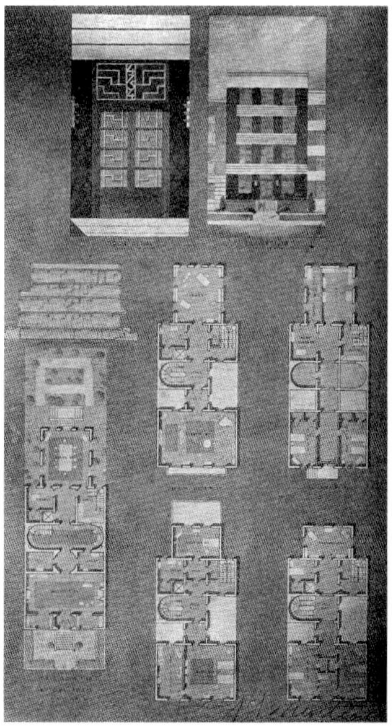

1935 届学生徐中三年级作业 - 都市住宅设计

1935 届学生张开济四年级作业 - 商埠大厦设计

1935 届学生何立蒸三年级作业 – 名人灵堂设计

《都市建设术·世界名市杰作之集合》

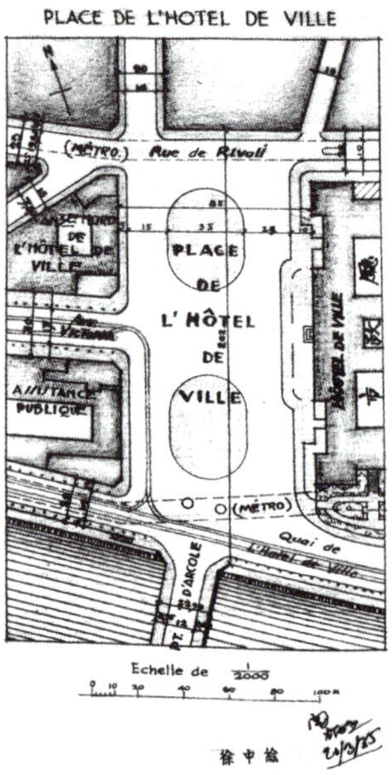

1935 届学生徐中
“都市计划作业”

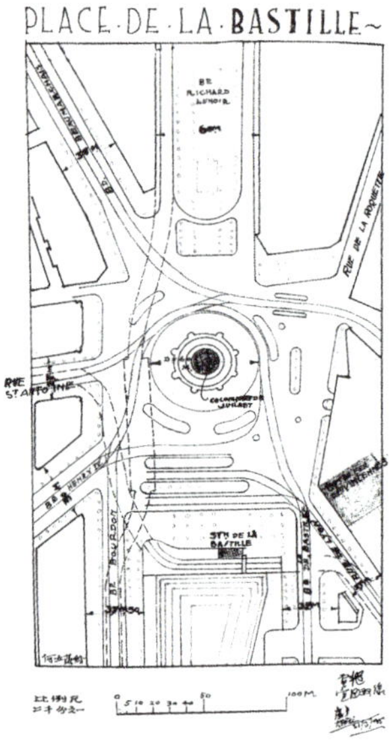

1935 届学生何立蒸
“都市计划作业”

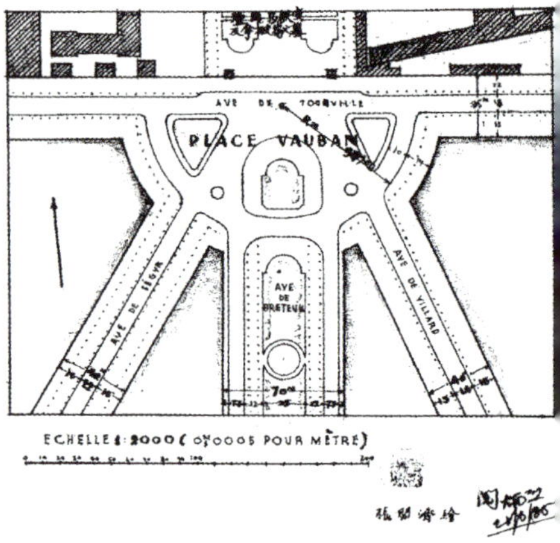

1935 届学生张开济“都市计划作业”

1935 年

◻ 秋，张镛森受刘敦桢的委托增编《营造法原》，开始补遗校订、增写解释，并按实测尺寸重新绘制插图、增补照片。

◻ 刘福泰完成“廖仲恺墓”设计。

◻ 刘福泰复任系主任，主持设计南京“板桥新村住宅区”。该区由 16 幢双联式和两排联排式住宅围绕集中庭园混合布局。

◻ 中央大学拟于东郊建新校区，由虞炳烈与刘福泰合作完成总体规划。后因故而另择地中华门外石子岗，并于次年举行规划设计招标。虞炳烈作为“审查委员会”委员参与方案评定，“基泰工程司”、“董大酉事务所”、“范文照事务所”方案分获第一至三名。新校区的建设于 1937 年秋开始，后因抗战爆发而中止。

刘福泰设计作品：廖仲恺墓